中国野豌豆属

分子系统学研究

◎ 吴菲菲　陈俊翰　王显国　著

中国农业科学技术出版社

图书在版编目(CIP)数据

中国野豌豆属分子系统学研究 / 吴菲菲，陈俊翰，王显国著．--北京：中国农业科学技术出版社，2025.7．--ISBN 978-7-5116-7534-7

Ⅰ．S542．024

中国国家版本馆 CIP 数据核字第 2025U8P278 号

责任编辑 陶　莲
责任校对 王　彦
责任印制 姜义伟　王思文

出 版 者 中国农业科学技术出版社
北京市中关村南大街 12 号　　邮编：100081
电　　话 (010) 82109705 (编辑室)　　(010) 82106624 (发行部)
(010) 82109709 (读者服务部)
网　　址 https://castp.caas.cn
经 销 者 各地新华书店
印 刷 者 北京建宏印刷有限公司
开　　本 170 mm×240 mm　1/16
印　　张 11　　彩插　2 面
字　　数 205 千字
版　　次 2025 年 7 月第 1 版　2025 年 7 月第 1 次印刷
定　　价 80.00 元

资助单位：内蒙古农业大学

资助项目：①内蒙古自治区本级事业单位引进高层次人才科研支持项目

②内蒙古农业大学高层次及优秀博士人才引进科研启动项目（NDYB2022-19）

③内蒙古农业大学草学学科青年基金（IMAUCXQJ2023018）

前　言

野豌豆属（*Vicia* L.）属内种类丰富，有较高的经济、饲草、绿肥、中药及观赏利用价值，其中尤以饲草栽培利用潜力最为巨大。但该属内物种间形态相似度较高、易混淆，传统的形态学分类系统中属下分类单位划分、种的界限、变种的划分、种间亲缘关系等仍存在较大的争议，分类系统不完善及物种精准鉴定方法的缺乏已经成为限制本属种质资源收集、鉴定及开发利用的主要因素之一。此外，山野豌豆为本属中极具栽培利用潜力的天然牧草之一，在我国具有广泛的自然分布，种质资源丰富，但其群体遗传模式与地理分布格局尚不明晰，影响了其种质资源的有效保护及进一步开发利用。本书内容在大量收集野豌豆属种质资源的基础上，为野豌豆属物种鉴定、种间系统关系以及属内种质资源的科学保护与高效利用提供了科学依据。

本书研究内容分为三部分，一是基于野豌豆属 161 个种 1246 份材料的序列数据对野豌豆属物种理想 DNA 条形码进行了评估，并筛选出适合的基因片段作为野豌豆属物种鉴定的理想 DNA 条码；二是基于野豌豆最适 DNA 条码片段对中国野豌豆属物种分子系统关系进行了梳理；三是选择利用浅层基因组测序开发山野豌豆专属 SSR 标记，对中国山野豌豆 24 个居群的遗传多样性展开了研究。期望本书能为从事分子系统学研究的科研人员、老师、学生以及育种企业和农业技术推广工作者提供参考。

由于著者水平有限，书中难免存在疏漏之处，恳请广大读者批评指正。

著　者

2025 年 6 月

目　　录

第1章 概 述

1.1 研究背景

野豌豆属（*Vicia* L.）是豆科（Leguminosae）蝶形花亚科（Papilionatae）野豌豆族（Viciae）植物中的一个重要类群。该属多为一、二年生或多年生草本，具有很高的饲草、绿肥、中药及观赏利用价值，其中尤以饲草栽培利用潜力最为巨大，遗憾的是，目前本属内仅救荒野豌豆（*V. sativa* L.）、毛苕子（*V. villosa* Roth）等少数几个种被开发为栽培饲草与绿肥作物。该属约有200种，广泛分布于北半球温带至南美洲温带和东非，在北温带（全温带）间断分布，但以地中海地域为中心。据《中国植物志》记载，我国有43种5变种，广布于中国各省区，以山野豌豆（*V. amoena* Fisch. ex DC.）为代表的众多野生种类多为我国天然草地重要组成物种，饲用价值高、抗逆性强，极具栽培驯化潜力[1]。

1.2 野豌豆属国内外研究进展

1.2.1 野豌豆属分类学研究进展

野豌豆属由林奈建于1753年，全世界约200余种，在欧洲、高加索、中国分布的种类最多，是野豌豆属植物的三个现代分布中心[2]，我国分布有43种5变种[3]。在传统形态学分类方面，Kupicha[4]运用形态解剖的特征，按气孔、旗瓣、花柱的性状首次对全世界范围内的野豌豆属种类进行了分类研究，将本属划分为2个亚属（*Vicia* 亚属和 *Cracca* 亚属），并分为22个组。夏振岱[3]首次对中国野豌豆进行全面系统的分类研究，将该属划分为6个组。而《中国植物志》则将 *Ervum* 组中的硬毛果野豌豆（*V. hirstua*）单独划分为 *Lenticula* 组，共将该属分为7组；贺蓉和贺士元[5]将硬毛果野豌豆划分在了 *Cracca* 组中；刘祥君等[6]对东北地区野豌豆属物种幼苗形体结构动态和种间界限的研究表明，柳叶野豌豆复合种和歪头菜可能来自一个原始物种；刘云波和赵一之[7]认为 *Cracca* 组和 *Cassubicae* 组应合并为 *Cracca* 组。野豌豆属植物叶表皮微形态特征及叶片脉序特征研究[8]则表明，救荒野豌豆和窄叶野豌豆（*V. angustifolia*）亲缘关系较近，应合并为一个种，并将窄叶野豌豆作为救荒野豌豆的一个变种；另外叶表皮细胞垂周壁式样由平直-弓形到浅波状，再到深波状的演化趋势表明较为原始的为细叶野豌豆组物种，大叶野豌豆组物种是一种过渡形态，而歪头菜组物种较其他物种更为进化。综上，野豌豆属植物的植株形态多变，变异幅度难于掌握，这不仅造成了不同学者在本属的属下分类、种间和种下分类单位的处理上有很大差异[4,9,10]，这同样是实现物种精确鉴定的一大难题。因此，国内外学者都试图从细胞遗传学、分子系统学方面来揭示本属植物的个体、居群和物种间的相互关系，探索其演化过程，从遗传本质上为经典分类提供有价值的新论据，使分类更接近科学[3]。

通过核型分析及同工酶多样性分析，Hanelt 和 Mettin[11]和 Maxted 等[12]也将本属划分为 2 个亚属，但在属下重新划分为了 26 组。国内学者也对我国不同地区野豌豆属植物进行了系统的细胞学研究，研究结果基本一致：即野豌豆属核型进化的两种趋势为：原始基数的减少，从 $x=7 \rightarrow x=6 \rightarrow x=5$；从多年生进化到一年生，核型的不对称性也随之增加。染色体数目对应的物种就是，广布野豌豆（*V. cracca*）和光叶紫花苕（*V. villosa* Roth var. *glabrescens* Koch.）（$2n=14$）等为较为原始的类群；窄叶野豌豆和救荒野豌豆（$2n=12$）等属于较为进化的类群[13-18]。曲秀春等[19]对中国北方 8 个产地的广布野豌豆种群的核型进行了对比研究，发现 12 条染色体类型和 24 条染色体类型在植株外部形态上没有可识别的差异，在分类学上应作同一单元处理，14 条染色体类型的植株具有形态上可以识别的性状，可作为变种或亚种处理。

苏萍等[20]对东北地区野豌豆属 22 个居群的种子游离氨基酸进行了比较研究，结果北野豌豆和野豌豆具有相似的氨基酸变异式样，明显不同于该组其他种类。该团队还发现东北地区野豌豆属植物在染色体水平上，种内和种间都存在多样性，种间表现为染色体数目和形态的差异，而在种内主要是染色体数目的差异；在种子水溶蛋白水平上，仅发现种间存在明显差异，染色体倍性与种子水溶性蛋白没有相关性，该团队学者据此推测东北地区野豌豆属的多倍体是同源多倍体[21]。宋志文等[15]对东北地区野豌豆属植物过氧化物酶同工酶进行了研究，并结合形态学、细胞学及野外居群调查等工作对一些在分类上有争议的类群提出了处理意见：①将狭叶野豌豆和绢毛野豌豆处理为山野豌豆的种下单位；②柳叶野豌豆和北野豌豆（2n＝12）之间的酶谱相似度指数高于野豌豆属内其他种间相似度指数，因此将北野豌豆作为柳叶野豌豆的一个变种，并将贝加尔野豌豆与北野豌豆归为同一个变种；③细胞学研究认为东方野豌豆是异源多倍体，黑龙江野豌豆可能是其二倍体祖先种之一，同工酶研究支持了这一结论，同时发现大叶野豌豆和东方野豌豆的亲缘关系也较近；④山野豌豆和歪头菜、广布野豌豆有比较近的亲缘关系，异源四倍体的亲本可能存在于这些近缘物种中；⑤柳叶野豌豆复合种是野豌豆属内比较孤立的一类，没有近缘物种。

在过去的20多年间，伴随着一系列基因组计划的实施，以及二代高通量测序技术的成熟和第三代纳米孔单分子测序技术的出现，DNA数据量呈爆炸式的增长，使分子系统发育理论和技术被广泛应用于生物各个分支的系统发育和分类研究中[22]。分子系统学（Molecular phylogenetics）是通过对生物大分子（蛋白质、核酸等）序列的变异和分子进化的研究，来阐明生物各类群（包括已灭绝的生物类群）间的谱系发生关系。分子系统发育理论和技术广泛应用于生物各个分支的系统发育和分类研究中，使得人们对植物的目、科、属、种以及居群水平之间的进化关系有了更为深入的认识，对许多植物科属进行了系统重建[23-28]。同样也解决了野豌豆属系统发育的很多问题，Potokina等[29]利用RAPD和RFLP标记对*Vicia*亚属中29个物种的系统关系进行了分析讨论，结果表明蚕豆（*V. faba*）与*V. bithynica*亲缘关系较近。Fennell等[30]利用叶绿体*trn*L基因对蚕豆及其近缘种进行了亲缘关系分析，研究支持蚕豆应独立分为一组；然而Leht和Jaaska[31]结合形态特征和同工酶多样性对*Vicia*亚属进行的系统发育分析结果并不同意这一观点，他们认为蚕豆应分在*Narbonensis*组中。Choi等[32]通过花柱形态分析及ITS序列对野豌豆属36个种进行了系统发育分析；Shiran等[33]利用核基因ITS序列对野豌豆属31个种及18亚种进行了系统重建。Emre[34]、Caputo等[35]、Khalik和Algohary[36]、Binzat等[37]还通过种子形态、花粉形态、酶多样性等特征研究了本属多个种间的系统发育关系。

综上可知，由于研究技术手段的局限，已有的国内外研究尚不能从根本上解决野豌豆属属下分类单位划分、种的界限、变种的划分、种间亲缘关系等分类争议问题；鉴于此，本研究拟筛选合适的基因片段（叶绿体基因和核基因）作为野豌豆属物种鉴定的DNA条形码，并在此基础上构建系统发育树，系统分析中国野豌豆属系统发育关系，进而明确本属属下分类单位划分、各分类群间亲缘关系和争议种分类地位。

1.2.2 DNA 条形码研究进展

野豌豆属内近缘种间形态相似度较高、易混淆，尤其是在种子及幼苗时期，传统的形态学鉴定无法依据已有标本的外部形态来鉴定区分，物种鉴定周期长，耗时耗力，无法满足科学发展的巨大需求。近代分子生物学技术的兴起为物种鉴定提供了新的方法——DNA 条形码技术。DNA 条形码（DNA barcoding）技术是指通过比较一段通用 DNA 片段，对物种进行快速、准确的识别和鉴定，是近年来生物分类和鉴定的研究热点，在物种鉴定方面显示了广阔的应用前景[38-41]。研究者们在不同生物类群的研究中逐渐确立了不同的标准 DNA 条形码：线粒体细胞色素 C 氧化酶亚单位 I（Cytochrome C oxidase subunit I，COI）适用于动物（昆虫、鱼类和鸟类）的鉴定[42]，并且在食品鉴定和食品安全[43]、打击非法交易[44]、鉴定入侵物种[45-47]、生物多样性的调查与保护[48-52]和环境变化监测[53]方面得到广泛应用；核糖体 16SRNA 在细菌鉴定方面取得良好的效果[54-55]；而真菌鉴定一般选用 ITS 作为标准 DNA 条形码序列[56-58]。而对于植物来说，由于其在进化过程中较易发生杂交和网状进化等事件，且同一基因在不同类群中的进化速率也可能会不同，因此自 DNA 条形码概念提出以来，植物界并没有像发现动物 COI 基因片段一样迅速找到高效通用条码。尽管有许多研究在寻找通用的植物条形码，但是并没有一个位点可以在所有的物种中通用[59-60]。

众多学者通过对植物线粒体、叶绿体和核基因组基因片段的广泛筛选[49,61-64]之后，初步推荐四个基因片段（*rbc*L、*mat*K、*trn*H-*psb*A 和核基因 ITS）可作为大部分植物标准 DNA 条形码。2009 年 8 月国际生命条形码联盟（Consortium for the Barcode of Life-Plant Working Group，CBOL）正式宣布，将植物叶绿体 *rbc*L、*mat*K 基因作为植物 DNA 标准条码的核心条码，将 ITS 和 *trn*H-*psb*A 作为植物 DNA 条形码的补充条码[65]。近几年 DNA 条形码的研究不断拓展，除上面提到的四个基因片段外，还包括有叶绿体基因组的 *rpo*B、*rpo*C1、*trn*A-*psb*H、*trn*L、*psb*K-*psb*I、*atp*F-*atp*H、*ycf*1 等[60,61,63,66-69]。

除单个基因片段外，许多学者指出多基因片段组合条码是植物物种鉴定的必要手段[49,63,70-74]，并且推荐了多个组合条码，如 *rbc*L+*trn*H-*psb*A[63]，*rpo*C1+*rpo*B+*mat*K 和 *rpo*C1+*mat*K+*trn*H-*psb*A[71]，*mat*K+*atp*F-*atp*H+*psb*K-*psb*I 和 *mat*K+*atp*F - *atp*H+*trn*H-*psb*A[75]。这些组合多由进化速率快慢不同

的片段组成，编码基因和非编码区的组合效果较好。由于编码基因受选择压力大，变异通常较小但通用性好，可利用编码基因确定科或属，然后用变异更大的片段（编码或非编码）区分到种[76]。以上研究中组合条码的物种鉴定效率均要高于单个基因片段条码，但是尚未找到不同物种间的通用组合条码。Fazekas 等[77]在大量样本中重新评估了上述组合片段，鉴定效率均低于 70%。CBOL 推荐 *mat*K+*rbc*L 为陆地植物最适 DNA 条形码，但其物种鉴定效率只有 72%，并未明显提高物种解决率[65]。一些学者推测说组合条码的鉴定效率不能达到预期不仅仅是因为变异程度低，而是反映了物种界限及叶绿体基因之间的差异[68,78]。因此，组合条码并不能消除植物 DNA 条形码的内在缺陷。

由于单基因片段条码和多片段组合条码都存在固有的缺陷，近年来有学者提出将整个叶绿体基因组用来作为植物物种鉴定的超级条形码[72,79-82]。Kane 和 Cronk[73]指出整个叶绿体基因组相对于植物就像 COI 基因于动物一样含有丰富的变异。叶绿体基因组大小在 110~160kb，远远超过常规条码大小并包含足够的变异来区分鉴别近缘种。相对于核基因组来说，叶绿体基因组大小相宜，种间变异程度高且种内变异程度低，故而更适合作为基于基因组的 DNA 条形码。与单基因片段条码和多片段组合条码相比，叶绿体基因组作为物种水平上的 DNA 条形码在低类等级（物种、居群和个体）的植物系统发育关系、谱系地理学和群体遗传学研究中可有效提高物种鉴定效率并有利于系统发育关系重建[80]。但是相对单个基因片段条码来说，即使目前测序整体费用降低，但整个叶绿体基因组测序费用相对来说还是比较昂贵的[74]，并且将叶绿体基因组作为超级条码还存在着基因缺失和低 PCR 扩增效率等问题。即使不考虑物种鉴定需要完全注释的叶绿体基因组序列，其他必要的分析相对来说更为复杂和困难。另外，Hollingsworth 等[68]指出叶绿体基因组并不一定能时常界定物种。时至今日，叶绿体基因组是否能作为合适的 DNA 条形码依然没有研究给出明确的答案。

据上述可知，单基因片段条码缺乏足够的变异信息，而完全注释的叶绿体基因组超级条码测序费用昂贵且缺乏经验的试验室不易获得。为了解决这一困境，Li 等[83]提出“特定条码（Specific barcodes）”的概念来权衡单基因片段条码和超级条码的优缺点（图 1-1）。“特定条码”指的是特定的适用于某个分类群体的一段 DNA 序列，这段序列包含有足够高的突变速率可实现相应的物种鉴定目标。它由目标科属种的叶绿体基因组中选择得到，因此相应通用引物也容易设计得到。这避免了低 PCR 扩增效率以及 PCR 体系

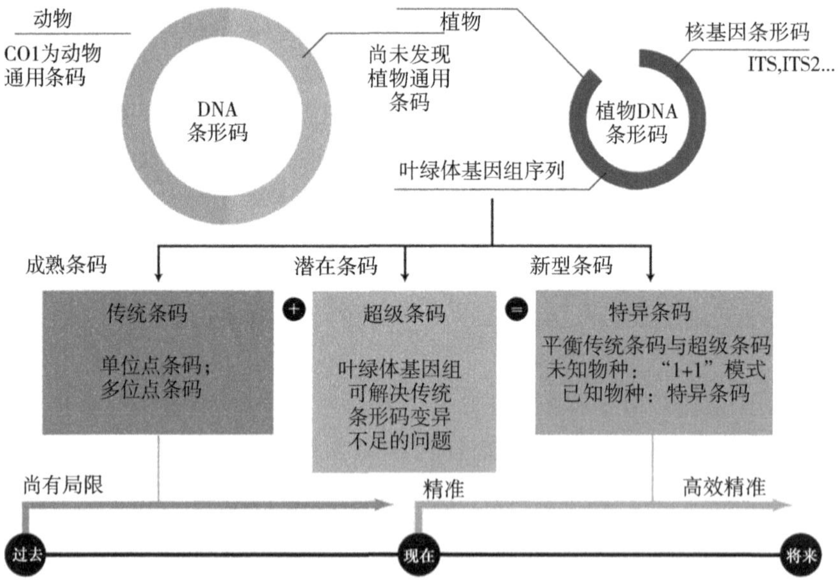

图 1-1　植物条形码发展历史及前景[83]

程序优化问题，可大大节省时间精力。“特定条码”还可控制合适的序列片段大小，避免片段大小差异太大引起的模糊多重比对等问题[71]。这一方法要比获得每个样品的叶绿体基因组容易得多，并可有目的地选择有效信息片段，如基因序列、基因间隔区序列、部分基因序列、部分基因间隔区序列或者一段序列既包含部分基因序列又包含部分基因间隔区序列。

综上，目前鉴定植物物种有几种植物 DNA 条形码选择：评估 CBOL 推荐的叶绿体片段[84,85]；选择目标研究属种常用的基因片段[86]；通过检测在一个代表性叶绿体基因组中寡核苷酸重复序列的分布位置并比较重复序列之间的关系，碱基插入缺失和替换来寻找突变高频区，从而设计可用的 DNA 条码[87]；进行不同物种叶绿体基因组比较分析来选择合适的 DNA 条形码[88,89]。而“特定条码”就是基于最后一种方法来获得，既可以是单基因片段条码（如 *mat*K 或 *trn*H-*psb*A），也可以是并未被发掘的新的基因片段。

DNA 条码的应用范围也已拓展到法医鉴定、监测与保护濒危物种、药品食品监督、中草药资源鉴定及生态学调查等诸多领域[83,90-92]。目前 DNA 条形码已在植物中的被子植物、裸子植物和隐花植物取得了突出的鉴定效果[65]；在兰科、菊科、葫芦科、芸香科等科内的属、种也达到了极高的鉴别效率[93-96]。DNA条形码在豆科和禾本科植物中也取得了突出的成绩，实现了物种鉴定、隐存种发现等功能[97-98]。

1.3 山野豌豆相关研究进展

1.3.1 山野豌豆概况

山野豌豆（*V. amoena* Fisch. ex DC.）为多年生豆科草本植物，喜生于草甸草原、沟谷草甸等低湿生境中，广泛分布于东亚地区，包括西伯利亚、蒙古国、中国、日本和韩国。国内外关于山野豌豆的研究大部分都集中在牧草营养成分、生育模式以及作为豆科牧草的养分循环等方面[99-102]，研究结果表明，山野豌豆是一种蛋白含量较高、适口性较好、抗性较强的中生优良牧草，其叶片粗蛋白含量可达21.79%左右，动物必需氨基酸的含量最高可达1.47%，其饲用价值可媲美苜蓿[102]，干物质中粗蛋白含量为17.5%[103]，是野豌豆属中极具栽培驯化潜力的天然牧草。然而，迄今为止国内尚未进行山野豌豆的大面积人工栽培和新品种选育，在退化的天然草地的改良中也尚未得到有效利用[101,104]。

山野豌豆是一个复合种，包括在中国地区常见的四倍体山野豌豆原变种（*V. amoena* var. *amoena*；2n = 24），以及二倍体变种绢毛山野豌豆（*V. amoena* var. *sericea*；2n=12）和狭叶山野豌豆（*V. amoena* var. *oblongiflora*；2n=12）。绢毛山野豌豆仅在中国内蒙古自治区通辽市有分布，该地区处在内蒙古自治区、辽宁省和吉林省的接壤地带[105]。但是关于山野豌豆原变种是同源四倍体还是异源四倍体的问题尚在讨论，Nikiforova[106]根据减数分裂二价体的形成模式，认为山野豌豆原变种是同源四倍体，这跟Li等[107]在同工上的研究结果是一致的。而李瑞军等[105]运用荧光原位杂交（FISH）方法，分析了山野豌豆复合种及其近缘种的染色体分子分化，建立和比较了复合种及其他种的分子核型，发现四倍体原变种包含不止一套染色体且包含大量重组事件，故而推断该原变种是由绢毛山野豌豆与近缘的二倍体种，如大叶野豌豆（*V. pseudorobus*）杂交形成的异源四倍体，但是这一推断并未得到后续证实。

该种广泛分布于我国东北、华北、陕西、甘肃、宁夏、河南、湖北、山东、江苏、安徽等地，种质资源丰富，但其分布呈现明显的斑块化[109]，说明其进化历史上第四纪冰川对它产生了重大的影响。而冰川的进退及随之而来种群大小的波动、选择作用和基因流对山野豌豆群体遗传结构的影响及现今地理分布格局成因尚不明确。刘颖等[108]利用 SRAP 和 ISSR 分子标记方法，对我国 17 份山野豌豆资源之间的遗传关系进行了初步分析。通过对山野豌豆进行分子谱系地理学研究，能够阐明山野豌豆不同种群之间的亲缘关系，有助于进一步探讨山野豌豆系统发育地理模式，了解其种群分布变迁历史。

1.3.2 分子谱系地理学研究进展

1.3.2.1 分子谱系地理学简介

气候是影响植被分布和生长的重要决定性因素，植被会随着气候的变化发生相应的变化，比如会改变地理分布区和适应性进化（或产生新物种）[110,111]。新生代以来尤其是第四纪以来，冰期与间冰期的反复交错引发的剧烈的气候循环变动[112]对重要生物类群的分布产生了很大的影响，使得生物种群的基因频率发生遗传漂变或者基因流方向改变，进而影响了种群的遗传结构、种内分化、物种形成和灭绝等[113,114]。气候变迁使得现存生物种类的分布范围发生改变[115]，一方面可能导致物种灭绝；另一方面可能会退却到少数气候条件更有利的地区（避难所）中得以生存，之后在间冰期的时候，随着冰川的消退和温度的回升，再从避难所发生大范围的重新扩散或者回迁[116-122]。对于这种全球性气候变化是如何影响物种的迁移路线、避难所和群体动态历史等科学问题的研究促成了谱系地理学（Phylogeography）的产生和发展。谱系地理学，是一门研究物种进化与地理分布之间关系的学科，主要是探究种下或近缘类群之间的地理分布的形成机制和演化过程，以解决物种的群体变化（迁移和居群分化）以及进化历史事件。

分子谱系地理学（Molecular phylogeography）是一门谱系地理学和分子生物技术不断交叉发展而形成的新学科，该学科侧重于通过分子生物技术手段构建种群遗传谱系来研究种内种群间的遗传分化及遗传多样性关系，主要通过对现有种群的遗传变异、基因频率及基因型之间的相互关系等来推测研究物种在末次冰期经历的种群分布变化，即该物种在冰期时如何保存，从而确定其冰期避难所、可能的冰期后种群迁移扩散路线等[123,124]。分子谱系地理学的实质是将分子谱系发育关系与生物地理学分析有机结合以研究物种及物种内不同种群形成现有分布格局的历史原因和演化过程[125,126]。最初在植物谱系地理学研究中，通常选择木本种类植物来进行研究，主要是因为：①生活史周期长，从而最大限度保留了冰期后种群变化的遗传痕迹；②树木种类具有大量的花粉、化石资料，从而为分子标记得到的历史种群变化和分布变迁假设具有相互印证的证据[127-129]。但草本植物生活周期较短以及对环境变化的敏感性，对此类植物开展分子谱系地理学研究可能会更好地揭示我国第四纪冰期以来植物居群变化的历史过程[130]。

群体遗传学（Population genetics）又称种群遗传学是在种群水平上研究遗传学的分支，是研究群体的遗传结构及其变化规律的遗传学分支学科，也是分子谱系地理学的一个重要理论。应用数学和统计学方法研究群体中基因频率和基因型频率以及影响这些频率的选择效应和突变作用，研究迁移和遗传漂变等与遗传结构的关系，由此探讨进化的机制。旨在研究在自然选择、遗传漂变、突变和基因流这四种演化动力的作用下，等位基因的分布和改变，以及种群的分类，空间结构等[115,131]。

1.3.2.2 分子谱系地理学研究方法

早期的分子谱系地理学研究中，主要采用的分子标记是等位酶标记[132]，但是由于等位酶标记仅能检测酶基因表达产物的遗传变异，使得该标记不能广泛应用。之后，随着分子生物学技术的迅速发展，产生了一批基于 DNA 序列和 PCR 技术的遗传标记，并在分子谱系地理学研究中得到广泛应用。其中包括：限制性长度多态性标记（RFLP，Rstriction Fragment Length Polymorphism）、随机扩增多态性 DNA（Random Amplification Polymorphism DNA，RAPD）、微卫星标记/简单重复序列标记（Microsatellites/SSRs，Simple Sequence Repeats）、扩增长度多态性（Amplified Fragment Length Polymorphism，AFLP）等。

近年来，随着测序技术的发展，核基因组（nDNA）、叶绿体基因组（cpDNA）和线粒体基因组（mtDNA）基因序列的比较分析开始在分子谱系地理学中得到广泛应用。其中核基因组的进化速率最快，但由于核基因存在多拷贝现象，其应用受到很大限制，但由于核糖体 DNA 内转录间隔区（nrDNA ITS，internal transcribed spacer）序列（包括 ITS1 和 ITS2）碱基替换速率快，片段长度变异小等优点，在分子谱系地理学中的应用得到相当广泛的应用[133,134]；线粒体基因组进化速率最慢，在被子植物中的应用较少。

进化速率居中的叶绿体基因组基因（cpDNA）的应用最为广泛。相对于核基因和线粒体基因，叶绿体基因分子量小且单亲遗传，不受基因重组影响，有独立进化路线，结构简单等优点；叶绿体 DNA 为单拷贝基因，在 PCR 扩增和测序结果分析时简单易行，并且可以排除真菌的干扰；叶绿体基因非编码区基因在核酸替代、插入或缺失突变的积累上的进化速率都要大于功能编码区基因[135]，在种下分类单元中往往也存在一定程度的遗传变异[136]，适用于研究种下分类单位的谱系地理关系[117,120,129]。另外，随着测序技术的不断发展以及越来越多的叶绿体基因组的成功测序，大量叶绿体基因片段通用引物得到成功开发[67,89,137]，也是叶绿体基因在植物分子谱系地理学研究中得到广泛应用的一个重要原因。

国内外应用叶绿体基因片段（*psb*A-*trn*H、*trn*L-*trn*F、*trn*T-*trn*F、*trn*Q-*rps* 等）及核基因 ITS 片段已经解决了许多物种的谱系地理学关系，如绣球茜草（*Dunnia sinensis*）[138]、刺桫椤（*Alsophila spinulosa*）[139]、十齿花属（*Dipentodon*）[140]、祁连圆柏（*Sabina przewalskii*）[141]、肋果沙棘（*Hippophae neurocarpa*）[142]、窄叶鲜卑花（*Sibiraea angustata*）[133]、小叶锦鸡儿（*Caragana microphylla*）[143]、砾玄参（*Scrophularia incisa*）[22]等，并且都不同程度地讨论到第四纪气候变化对植物分布区的影响。

微卫星（Microsatellite），即简单重复序列（SSR），是存在于真核生物基因组中大量首尾相连，重复单元为 2~6 个碱基的 DNA 序列，并分为核心序列和侧翼序列两部分：核心序列为串联重复排列，重复单元丰富，在不同的群体或个体间有较高的变异程度；侧翼序列一般为相对保守的单拷贝序列，有利于设计特异性引物，并可通过传统的 PCR 扩增获得微卫星标记的长度多态性。微卫星标记具有共显性、数量多、分布均匀、多态性信息含量丰富和易于检测等优点，是目前检测基因组遗传变异的最佳分子标记之一[144-146]，也是植物分子谱系地理学和群体遗传学研究中的一个重要手段[147,148]。

常规的聚丙烯酰胺凝胶电泳技术工作量大，分辨率低，无法满足较大群体 SSR 标记分析的需求。而 TP-M13-SSR（simple sequence repeat with tailed primer M13）自动荧光检测技术具有高分辨率和高通量分析等优点，弥补了常规电泳检测技术费时费力的缺点，已被广泛地应用于植物群体遗传多样性的研究中，其反应原理见图 1-2。

与常规 SSR 技术不一样，TP-M13-SSR 技术采用的 PCR 扩增体系中包含三条引物，一条为带 M13 尾巴序列的正向引物 A，一条为普通的反向引物 B，以及另一条被荧光标记的 M13 通用引物 C。在进行 PCR 反应时，A 和 B 首先同模板 DNA 结合形成 D，D 再变性，再一次退火时 C 和 B 引物就结合到了模板上，形成了带有荧光标记的扩增产物，此产物既可以通过自动测序仪实现快速检测片段的大小。

与常规聚丙烯酰胺凝胶电泳技术相比，TP-M13-SSR 技术①分辨率高，

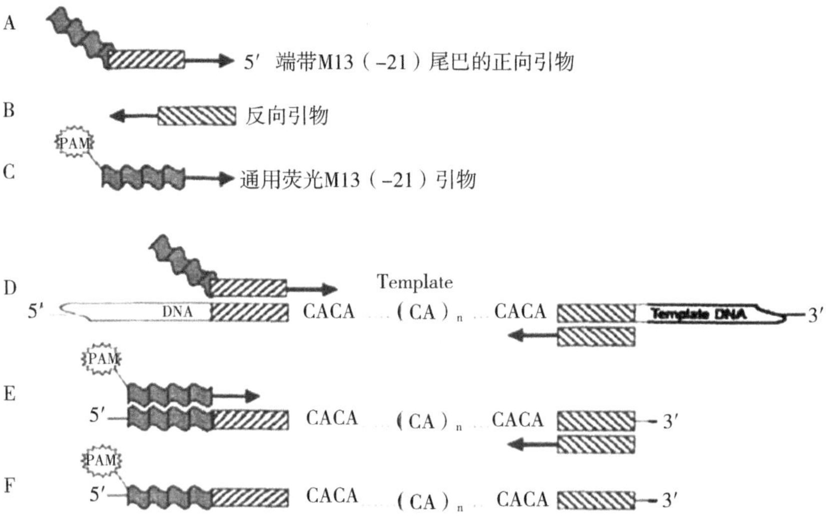

图 1-2 TP-M13-SSR 自动荧光检测技术的反应原理[149]

可以区分仅 2bp 的片段差异；②该技术通过测序仪对 SSR-PCR 扩增产物进行自动检测可实现高通量分析，并且不同扩增产物可采用不同颜色荧光进行标记，同时进行检测，也可大大提高检测效率；与普通荧光 SSR 技术相比，TP-M13-SSR 技术价格相对低廉，因为该技术仅需要标记 M13 一条引物，并可在不同的 SSR 反应中使用，这大大降低了荧光引物的合成成本[150]。综上，TP-M13-SSR 自动荧光检测技术优点众多，已被广泛应用于植物的遗传多样性研究[151-153]。

为了全面地阐述植物的分子谱系地理学问题，往往要结合核基因组数据和叶绿体基因组数据共同分析。叶绿体基因的遗传信息一般反映的是过去一系列历史事件所遗留的痕迹，而基因组遗传信息则能反应近期发生的基因流过程和状况[154,155]。然而 nrDNA ITS 片段在种下单位的谱系关系研究中并不是时常有效，因此微卫星标记变成了承载基因组遗传信息的重要手段。目前结合 cpDNA 和 SSR 标记在植物分子谱系地理学研究中已经得到了广泛的应用，Wang 等[147,156]结合 cpDNA 与 SSR 标记研究了三叶崖爬藤（*Tetrastigma hemsleyanum*）的遗传变异并揭示了自晚第三纪以来的不同时空尺度的历史地质气候变化对常绿阔叶林植物谱系分化和群体动态历史的影响；Bai 等[157]结合叶绿体基因和核 SSR 标记阐明了中国亚热带地区野核桃（*Juglans cathayensis*）的冰期避难所隔离和冰后期广泛花粉流对其群体遗传分化的影响。Bonatelli 等[158]采用叶绿体基因、核基因和核 SSR 标记揭示了第四纪气候变化影响下毛柱属复合种（*Pilosocereus aurisetus*）的分布范围内多次的生境片段化和微避难所隔离事件。

因此，本研究拟在广泛采集我国山野豌豆自然种群材料的基础上，采用叶绿体基因序列（cpDNA）结合微卫星标记（SSR）分析山野豌豆群体遗传结构和遗传变异，阐明山野豌豆群体遗传模式和现今地理分布格局的形成原因，推测山野豌豆种群迁移路线。

1.4 研究目的和意义

我国野豌豆属虽然种类丰富，特有种类多，但本属内种间形态相似度较高、易混淆，传统的形态学分类系统中属下分类单位划分、种的界限、变种的划分、种间亲缘关系等仍存在较大的争议，分类系统不完善及物种精准鉴定方法的缺乏已经成为限制本属种质资源收集、鉴定及开发利用的主要因素之一。此外，山野豌豆——本属中最具栽培利用潜力的天然牧草，虽在我国具有广泛的自然分布，种质资源丰富，但其群体遗传模式与地理分布格局尚不明晰，影响了其种质资源的有效保护及进一步开发利用。

本研究拟筛选合适的基因片段（叶绿体基因和核基因）作为野豌豆属物种鉴定的 DNA 条形码，并系统分析中国野豌豆属种间分子系统关系，进而明确本属属下分类单位划分、各分类群间亲缘关系和争议种分类地位；另外，在广泛采集我国山野豌豆自然分布种群材料的基础上，研究山野豌豆群体遗传结构和遗传变异，阐明其群体遗传模式和地理分布格局成因。本研究将为野豌豆属与山野豌豆种质资源的科学保护与高效利用提供科学依据，对进一步完善野豌豆属分类系统，深入揭示野豌豆属进化机制具有重要意义。

第2章 野豌豆属物种DNA条形码研究

2.1 材料与方法

2.1.1 材料及数据来源

本试验中所用种子材料由国家草种质资源库（中国北京）提供，植物标本材料由中国科学院植物所标本馆（中国北京）提供，部分物种叶片材料为本课题组野外采集获得，共31种90份材料（附表1）。本书所用核酸序列均已提交至GenBank（附表1）。自GenBank获取的153种1156份野豌豆属植物材料的核酸序列数据见附表2。综上，本研究共获得共161种19变种（表2-1）1246份材料的数据。

表2-1 本试验野豌豆属物种各组分布

亚属	组	分类单元	亚属	组	分类单元
Vicilla (Schur) Rouy	*Americanae* Kupicha	2		*Sylvaticae* (Tzvel.) Nikif	1
	Amurense Y. Endo and H. Ohashi	2		*Trigonellopsis* Rech. f.	2
	Australes Kupicha	4		*Variegatae* Radzhi	4
	Cassubicae Radzhi	10		*Vicilla* (Schur) Ascherson and Graebner	30
	Cracca S. F. Gray	46		*Volutae* Kupicha	1
	Ervilia (Lk.) Koch	2		unknown	7
	Ervoides (Godr.) Kupicha	1	*Vicia* L.	*Atossa* (Alcf.) Asch. & Graebner	5
	Ervum (L.) Taub.	4		*Bithynicae* (B. Fedtch. Ex Radzhi) Maxted	1

（续表）

亚属	组	分类单元	亚属	组	分类单元
	Lenticula（Endl.）Aschers. et Gearbn	1		*Faba*（Miller）Ledeb.	3
	Lentopsis Kupicha	1		*Hypechusa*（Alcf.）Asch. & Graebner	15
	Mediocinctae Kupicha	1		*Microcarinae* Maxted	1
	Panduratae Kupicha	3		*Narbonensis*（Radzhi）Maxted	9
	Pedunculatae Rouy	2		*Peregrinae* Kupicha	3
	Perditae Kupicha	1		*Vicia* L.	11
	Subvillosae Kupicha	5		*Wiggersia*（Alcf.）Maxted	2

2.1.2 DNA 提取

从新鲜或者硅胶干燥的野豌豆属植物叶片中提取总 DNA，提取方法为改良的 CTAB 法[159]或使用植物基因组 DNA 提取试剂盒（天根生化科技有限公司，北京）。

改良 CTAB 法具体步骤为：

（1）将约 500mg 新鲜植物叶片（或干燥叶片 100mg）装入 2.0mL 离心管中，同时加入一颗钢珠，将离心管放入管架置入泡沫箱中，倒入液氮，冷冻 5～10min 后取出，置于研磨机中打磨至细小的粉末状备用；

（2）在研磨好的材料中加入 700μL 预热（65℃）好的 2% CTAB 缓冲液（0.1mol/L Tris－HCl pH8.0；1.4mol/L NaCl；25mmol/L EDTA；2%（w/v）CTAB；0.2%（v/v）β-巯基乙醇），并使其充分混匀；

（3）将离心管放入恒温水浴锅中 65℃ 水浴 30～60min，其间倒转混匀 2～3 次；

（4）在通风橱内向离心管加入 700μL 氯仿-异戊醇（v：v=24：1），轻轻倒转混匀 5～10min；

（5）12 000×g（室温）离心 10min，以移液枪小心吸取上层水相清液至一个新的 1.5mL 离心管中，加入-20℃预冷的等体积异丙醇，颠倒混匀后置于-20℃冰箱保存 1h 以上；

（6）取出冰箱中的离心管，12 000×g（4℃）离心 10min，弃去上清液，倒置于滤纸上控干液滴，加入 100μL 的 RNase 溶液（100mg/L），37℃保存 30min；

（7）在离心管中加入 700μL 70%乙醇溶液，弹底混合后离心，弃上清；

（8）重复步骤 7，将离心管倒立于垫有滤纸的试验台上，室温干燥至无乙醇气味；

（9）加入 100～200μL 超纯水或 1×TE 缓冲液（pH8.0）溶解沉淀，保存至-20℃冰箱备用。

用试剂盒提取总 DNA 的步骤如下：

（1）取植物新鲜组织约 100mg 或干重组织约 30mg，加入液氮充分研磨；

（2）将研磨好的粉末迅速转移到预先装有 700μL 65℃预热缓冲液 GP1 的离心管中（试验前在预热的 GP1 中加入巯基乙醇，使其终浓度为 0.1%），迅速颠倒混匀后，将离心管放在 65℃水浴 20min，水浴过程中颠倒离心管数次以混合样品；

（3）加入 700μL 氯仿，充分混匀，12 000r/min（13 400×g）离心 5min；

（4）小心地将上一步所得上层水相转入一个新的离心管中，加入 700μL 缓冲液 GP2，充分混匀；

（5）将混匀的液体转入吸附柱 CB3 中，12 000r/min（13 400×g）离心 30s，弃掉废液（吸附柱容积为 700μL 左右，可分次加入离心）；

（6）向吸附柱 CB3 中加入 500μL 缓冲液 GD（使用前需要加入无水乙醇），12 000r/min（13 400×g）离心 30s，倒掉废液，将吸附柱 CB3 放入收集管中；

（7）向吸附柱 CB3 中加入 600μL 漂洗液 PW（使用前需要加入无水乙醇），12 000r/min（13 400×g）离心 30s，倒掉废液，将吸附柱 CB3 放入收集管中；

（8）重复操作步骤 7；

（9）将吸附柱 CB3 放回收集管中，12 000r/min（13 400×g）离心 2min，倒掉废液。将吸附柱 CB3 置于室温放置数分钟，以彻底晾干吸附材料中残余的漂洗液；

（10）将吸附柱 CB3 转入一个干净的离心管中，向吸附膜的中间部位悬空滴加 50～200μL 洗脱缓冲液 TE，室温放置 2～5min，12 000r/min（13 400×g）离心 2min，将溶液收集到离心管中；

(11) 将离心得到的溶液再加入吸附柱 CB3 中，室温放置 2min，12 000r/min (13 400×g) 离心 2min，得到的 DNA 产物保存到-20℃冰箱备用。

(注：上述步骤中提到的 GP1、GP2、GD、PW、TE、CB3 均为天根植物基因组 DNA 提取试剂盒中产品代码)

取 2μL DNA 样品，以 1%的琼脂糖凝胶进行电泳检测。

2.1.3 DNA 修复

由于部分 DNA 样品出现降解，而植物 DNA 条形码标准片段的扩增长度一般为 700bp 左右，对一些 DNA 降解严重的样品，PCR 很难扩增成功，无法获取样品的 DNA 条形码。因此，我们对降解的 DNA 样品进行了修复，修复方法参照徐超[160]，并进行了相应的调整。DNA 修复反应体系为 15μL，具体成分见表 2-2。

表 2-2 DNA 修复 PCR 体系

反应成分	使用体积 (μL)	终浓度
10×Taq Buffer	1.5	1×
2mM dNTP	1.5	200μmol/L
Taq DNA polymerase	0.15	0.025U/μL
DNA	7	—
ddH_2O	5	—

DNA 修复反应程序设置如下：

延伸：　72℃ 5min

预变性：　94℃ 4min

变性：　94℃ 30s

退火：　50℃ 30s

延伸：　72℃ 1min

终延伸：　72℃ 5min

DNA 修复完毕，取 2μL DNA 样品以 1%的琼脂糖凝胶进行电泳检测。

2.1.4 条形码候选片段的选取

不同植物种类中，通用 DNA 片段引物扩增结果不同，为了得到在野豌豆属植物 DNA 中成功扩增并表现出变异的引物序列，对已发表的 48 对 DNA 条形码片段（核基因 ITS 片段和叶绿体基因片段）通用引物进行预试验筛选，最终筛选出 6 个基因片段的引物可在野豌豆属物种中成功扩增，引物详细信息见表 2-3。试验所用引物均由上海生工生物工程有限公司合成。

表 2-3 预试验所用引物序列详细信息

位点	引物名称	引物序列（5′-3′）	参考文献
ITS1	ITS-p5	CCTTATCAYTTAGAGGAAGGAG	Cheng 等[161]
	ITS-u4	RGTTTCTTTTCCTCCGCTTA	
ITS2	ITS-u1	GGAAGKARAAGTCGTAACAAGG	Cheng 等[161]
	ITS-u4	RGTTTCTTTTCCTCCGCTTA	
*mat*K	*mat*K1F	ACTGTATCGCACTATGTATCA	Sang 等[162]
	*mat*K1R	GAACTAGTCGGATGGAGTAG	
*mat*K	*mat*K2F	GTTCACTAATTGTGAAACGT	Sang 等[162]
	matK2R	TTCATGATTGGCCAGATCA	
*mat*K	*mat*K3F	AAGATGCCTCTTCTTTGCAT	Sang 等[162]
	*mat*K3R	GATCCGCTGTGATAATGAGA	
*mat*K	*mat*K472F	CCCRTYCATCTGGAAATCTTGGTTC	Yu 等[163]
	*mat*K1248R	GCTRTRATAATGAGAAAGATTTCTGC	
*rbc*L	F	TGTCACCAAAAACAGAGACT	Demesure 等[164]
	R	TTCCATACTTCACAAGCAGC	
*rbc*L	cp063F	ATGTCACCACAAACAGAGACTAAAGC	Dong 等[165]
	cp063R	TTCCATACTTCACAAGCAGCAGCTAG	
*trn*H-*psb*A	*trn*H-F	ACTGCCTTGATCCACTTGGC	Kress 和 Erickson[63]
	*psb*A-R	CGAAGCTCCATCTACAAATGG	
*psb*A-*trn*H spacer	*psb*A-F	GTTATGCATGAACGTAATGCTC	Sang 等[162]
	*trn*H-R	CGCGCATGGTGGATTCACAAATC	
*trn*L-*trn*F	*trn*L-c	CGAAATCGGTAGACGCTACG	Taberlet 等[136]
	cp054R	CTGCTCTACCAGCTGAGCTATCCCGAC	Dong 等[165]
*trn*L-*trn*F	*trn*LF	AAAATCGTGAGGGTTCAAGTC	Sang 等[162]
	*trn*FR	GATTTGAACTGGTGACACGAG	

（续表）

位点	引物名称	引物序列（5′-3′）	参考文献
*trn*L-*trn*F	F	GGTTCAAGTCCCTCTATCCC	Taberlet 等[136]
	R	ATTTGAACTGGTGACACGAG	
*trn*M-*trn*V	*trn*M	TACCTACTATTGGATTTGAACC	Cheng 等[166]
	*trn*V	GCTATACGGGCTCGAACC	
*trn*L intron	F	TGGATTGAGCCTTGGTATGG	Cheng 等[166]
	R	TCTACCAGCTGAGCTATCCC	
*trn*S-*trn*G	*trn*S1	AACGGATTAGCAATCCGACGCTTTA	Dong 等[89]
	*trn*G1	CTTTTACCACTAAACTATACCCGC	
*trn*S-*trn*G	*trn*S2	CGGTTTTCAAGACCGGAGCTATCAA	Dong 等[89]
	*trn*G2	CATAACCTTGAGGTCACGGGTTCAAAT	
*trn*S-trnG	*trn*S（GCU）	GCCGCTTTAGTCCACTCAGC	Hamilton[135]
	*trn*G（UCC）	GAACGAATCACACTTTTACCAC	
*trn*T-*trn*L spacer	A	CATTACAAATGCGATGCTCT	Taberlet 等[136]
	B	TCTACCGATTTCGCCATATC	
*trn*T-*trn*L spacer	IF	GGAATACTCGAACGG	Tate[167]
	IR	CCGTTCGAGTATTCC	
*mat*K-3′*trn*K intron	*mat*KM	TCGACTTTCTGGGCTATC	Tate[167]
	*trn*K-2R	AACTAGTCGGATGGAGTAG	Johnson 和 Soltis[168]
*psb*B-*psb*F	*psb*B	GTTTACTTTTGGGCATGCTTCG	Hamilton[135]
	*psb*F	CGCAGTTCGTCTTGGACCAG	
*psb*B-*psb*H	*psb*B	AGATGTTTTTGCTGGTATTGA	Xu 等[169]
	*psb*H	TTCAACAGTTTGTGTAGCCA	
*atp*B-*rbc*L	*atp*B-1	ACATCKARTACKGGACCAATAA	Chiang 等[170]
	*rbc*L-1	AACACCAGCTTTRAATCCAA	
*rpl*20-5′-*rps* 12	*rpl*20	TTTGTTCTACGTCTCCGAGC	Hamilton[135]
	5′-*rps* 12	GTCGAGGAACATGTACTACTAGG	

（续表）

位点	引物名称	引物序列（5′-3′）	参考文献
*trn*H-trnK	*trn*H	ACGGGAATTGAACCCGCGCA	Demesure 等[164]
	*trn*K	CCGACTAGTTCCGGGTTCGA	
*trn*K1-*trn*K2	*trn*K（exon1）	GGGTTGCCCGGGACTCGAAC	Demesure 等[164]
	*trn*K（exon2）	CAACGGTAGAGTACTCGGCTTTTA	
*trn*S-*trn*fM	*trn*S	GAGAGAGAGGGATTCGAACC	Demesure 等[164]
	*trn*fM	CATAACCTTGAGGTCACGGG	
*trn*C-*trn*D	*trn*C	CCAGTTCAAATCTGGGTGTC	Demesure 等[164]
	*trn*D	GGGATTGTAGTTCAATTGGT	
*trn*D-*trn*T	*trn*D	ACCAATTGAACTACAATCCC	Demesure 等[164]
	*trn*T	CTACCACTGAGTTAAAAGGG	
*trn*M-*rbc*L	*trn*M	TGCTTTCATACGGCGGGACT	Demesure 等[164]
	*rbc*L	GCTTTAGTCTCTGTTTGTGG	
*trn*S-*trn*T	*trn*S	CGAGGGTTCGAATCCCTCTC	Demesure 等[164]
	*trn*T	AGAGCATCGCATTTGTAATG	
*psb*C-*trn*S	*psb*C	GGTCGTGACCAAGAAACCAC	Demesure 等[164]
	*trn*S	GGTTCGAATCCCTCTCTCTC	
*trn*F-*trn*V	*trn*F	CTCGTGTCACCAGTTCAAAT	Dumolin-Lapegue 等[171]
	*trn*Vr	CCGAGAAGGTCTACGGTTCG	
*trn*K2-*trn*Q	*trn*K2	TAAAAGCCGAGTACTCTACCGTTG	Dumolin-Lapegue 等[171]
	*trn*Q	CTATTCGGAGGTTCGAATCCTTCC	
*trn*Q-*trn*R	*trn*Q	GGGACGGAAGGATTCGAACC	Dumolin-Lapegue 等[171]
	*trn*R	ATTGCGTCCAATAGGATTTGAA	
*rpo*C1-*trn*C	*rpo*C1	GCACAAATTCCRCTTTTTATRGG	Dumolin-Lapegue 等[171]
	*trn*C	CGACACCCRGATTTGAACTGG	
*trn*T-*psb*C	*trn*T	GCCCTTTTAACTCAGTGGTA	Dumolin-Lapegue 等[171]
	*psb*C	GAGCTTGAGAAGCTTCTGGT	
*trn*fM-*psa*A	*trn*fM	GAACCCGTGACCTCAAGGTTATG	Dumolin-Lapegue 等[171]
	*psa*A	ATTCGTTCGCCGGAACCAGAAGT	

（续表）

位点	引物名称	引物序列（5′-3′）	参考文献
*rps*16 intron	*rps*F	GTGGTAGAAAGCAACGTGCGACTT	Dumolin-Lapegue 等[171]
	*rps*R2	TCGGGATCGAACATAATTGCAA	
*rpL*16	*rp*L16F71	GCTATGCTTAGTGTGTGACTCGTTG	Dumolin-Lapegue 等[171]
	*rp*L16R1516	CCCTTCATTCTTCCTCTATGTTG	
*pet*L-*psb*E	*pet*L	AGTAGAAAACCGAAATAACTAGTTA	Dumolin-Lapegue 等[171]
	*psb*E	TATCGAATACTGGTAATAATATCAGC	
*psb*J-*pet*A	*psb*J	ATAGGTACTGTARCYGGTATT	Dumolin-Lapegue 等[171]
	*pet*A	AACARTTYGARAAGGTTCAATT	
*psb*D-*trn*T	*psb*D	CTCCGTARCCAGTCATCCATA	Dumolin-Lapegue 等[171]
	*trn*T-R	CCCTTTTAACTCAGTGGTAG	
*atp*I-*atp*H	*atp*I	TATTTACAAGYGGTATTCAAGCT	Dumolin-Lapegue 等[171]
	*atp*H	CCAAYCCAGCAGCAATAAC	
*rpl*32-*trn*L	*rpl*32-F	CAGTTCCAAAAAAACGTACTTC	Dumolin-Lapegue 等[171]
	*trn*L	CTGCTTCCTAAGAGCAGCGT	
*trn*Q-5′*rps*16	*trn*Q	GCGTGGCCAAGYGGTAAGGC	Dumolin-Lapegue 等[171]
	*rp*S16x1	GTTGCTTTTYTACCACATCGTTT	
3′*rps*16-5′*trn*K	*rp*S16x2F2	AAAGTGGGTTTTTATGATCC	Dumolin-Lapegue 等[171]
	*trn*Kx1	TTAAAAGCCGAGTACTCTACC	

2.1.5 PCR 扩增、测序

PCR 扩增体系为 20μL：10×Taq Buffer 2.0μL，2mmol/L dNTPs 2.0μL，2.5U/μL 的 Taq 酶 0.2μL，正反向引物（5μmol/L）各 1μL，1μL 基因组 DNA（30~40ng），加 ddH_2O 将反应体系补满。

PCR 反应程序：94℃预变性 3min；94℃变性 30s，53℃退火 30s，72℃延伸 1min，35 个循环；72℃延伸 5min；4℃保存。

扩增完成，取 2μL PCR 产物以 1%的琼脂糖凝胶进行电泳检测。

PCR 产物送上海美吉生物医药科技有限公司进行测序，测序所用仪器为 Applied Biosystems 3730xl DNA Analyzer，所测样品均选用双向测序。

2.2 数据处理与分析

测序结果采用Sequencher 5.4.5（Gen Codes, Ann Arbor, Michigan, USA）进行序列的校对拼接，使用MAFFT[175]进行序列的多重比对，用MEGA7[176]编辑和校正多重比对结果，对所有的单独片段和组合片段进行如下分析。

2.2.1 序列特征分析

采用MEGA 7软件对候选DNA条码序列的比对结果进行初步分析，统计序列的比对长度（Aligned length）、变异位点（Variable sites）和信息位点（paramative informative sites）等序列特征信息，采用DnaSP 6[177]软件中的"DNA polymorphism"分析核酸多样性（π）。

2.2.2 "Barcoding gap"分析

基于理想的DNA条形码概念，种间距离较大且与最大的种内距离之间有一个较为明显的界限，即种内变异和种间变异不存在重叠，或者重叠越少候选条形码片段的鉴定效果越好[178,179]。采用MEGA7软件的Kimura-2-parameter（K2P）模型，计算基于每个候选条形码片段的种内种间遗传距离，并去掉5%的极端值[178,180,181]，评估是否存在"Barcoding gap"。

2.2.3 序列相似性分析

用于DNA条形码序列筛选和评价的序列相似性分析方法包括：通过TAXONDNA[178]软件制定的严格的评价标准，最佳匹配法（"best match", BM）、基于阈值的最佳相似法（"best close match", BCM）和R包"Spider"[182]中的最邻近法（"nearest neighbor", NN）分析。

TAXONDNA软件由新加坡国立大学研发，是一款免费开源的JAVA运算程序。我们采用软件中的"Species Identifier"来分析序列，该软件包会比较计算每一条序列与其他序列之间的距离，并决定哪两条序列更可能属于同一个物种，其中BM和BCM是比较常用的标准。对于BM来说，当两条或多个序列来源于同一个物种名的时候，识别考虑是成功的（Success）；而序列来源跟物种名无法匹配的时候，识别就是失败的（failure）；还有一种情况就是当序列和多个物种名相匹配的时候，这条序列就被识别为存疑的

(ambiguous)。相对于 BM 来说，BCM 的评判标准更为严苛，这是因为它评估物种识别的成功率依靠阈值，当 best barcode 匹配低于阈值的时候被认为是识别成功的。对于选定的基因片段来说，通过 Pairwise Summary 模型产生的最小的种内距离作为 BCM 的阈值。

SPIDER 软件包是一个用于物种鉴定和进化分析的 R 包，主要用于 DNA 条形码分析。当用 NN 法分析数据时，距离最近的两条序列来源于同一个物种，那么就会被识别为“True”；反之，如果这两条序列来自不同的物种，则被识别为“False”。

2.2.4 系统发育树分析法

采用 IQ-TREE 1.6.2[183] 基于所有候选 DNA 条形码构建最大似然（ML）树。IQ-TREE 是一款基于最大似然法（ML）的建树软件，具有准确、快速、灵活等特点，特别适用于大数据的系统发育分析。通过 IQ-TREE 里面的“Test”功能来选择最适核苷酸替代模型，树图拓扑结构的可靠性用 1000 次重复的自展（bootstrap，BS）[184]分析来评估，当一个种的所有单株在 ML 树上形成单系，则被认为识别成功。选取红三叶（*Trifolium pratense* L.）和白三叶（*Trifolium repens* L.）作为外类群[32]。

2.3 结果

2.3.1 候选 DNA 条形码序列预筛选结果

经初步筛选，共从 48 对通用引物中筛选出 6 对引物在所有野豌豆属物种中成功稳定扩增并存在序列变异，详细信息见表 2-4。

表 2-4 本试验所用引物

位点	引物名称	引物序列（5′-3′）	参考文献
ITS1	ITS-p5	CCTTATCAYTTAGAGGAAGGAG	Cheng 等[161]
	ITS-u4	RGTTTCTTTTCCTCCGCTTA	
ITS2	ITS-u1	GGAAGKARAAGTCGTAACAAGG	Cheng 等[161]
	ITS-u4	RGTTTCTTTTCCTCCGCTTA	

（续表）

位点	引物名称	引物序列（5′-3′）	参考文献
*mat*K	*mat*K472F	CCCRTYCATCTGGAAATCTTGGTTC	Yu 等[163]
	*mat*K1248R	GCTRTRATAATGAGAAAGATTTCTGC	
*rbc*L	cp063F	ATGTCACCACAAACAGAGACTAAAGC	Dong 等[165]
	cp063R	TTCCATACTTCACAAGCAGCAGCTAG	
*trn*H-*psb*A	*trn*H-F	ACTGCCTTGATCCACTTGGC	Kress 和 Erickson [63]
	*psb*A-R	CGAAGCTCCATCTACAAATGG	
*trn*L-*trn*F	*trn*L-c	CGAAATCGGTAGACGCTACG	Taberlet 等[136]
	cp054R	CTGCTCTACCAGCTGAGCTATCCCGAC	Dong 等[165]

2.3.2 候选 DNA 条形码序列特征

所有候选 DNA 条形码的序列特征信息见表 2-5。在经过 MAFFT 多重比对并在 MEGA 7 中手工校对之后，*mat*K 片段的序列比对长度为 686bp，*rbc*L 的比对长度为 1273bp，*trn*H-*psb*A 的为 687bp，*trn*L-*trn*F 为 616bp，ITS1 和 ITS2 片段的比对长度分别为 355bp 和 343bp。

ITS1 数据矩阵包括 156 个种 407 份材料，ITS2 数据矩阵包括 158 个种 500 份材料，*mat*K 数据矩阵包括 82 个种 252 份材料，*rbc*L 数据矩阵包括 64 个种 230 份材料，*trn*H-*psb*A 数据矩阵包括 65 个种 185 份材料，*trn*L-*trn*F 矩阵包括 95 个种的 233 份材料（表 2-5）。

我们对所有的 DNA 条形码候选片段进行了变异位点和简约信息位点的评估。在单个片段中，*trn*H-*psb*A 的序列多态性最为丰富，含有 52.4% 的变异位点，核苷酸多态性（π）为 0.1338，简约信息位点为 46%；在组合片段中，ITS+*mat*K+*trn*L-*trn*F 的变异位点最为丰富（54.40%），ITS+*trn*H-*psb*A+*trn*L-*trn*F 的简约信息位点含量最高（41.21%），而组合片段中核苷酸多态性最为丰富的是 ITS+*mat*K+*trn*H-*psb*A+*trn*L-*trn*F（π=0.0937）。

表 2-5 候选 DNA 条形码的序列特征分析

候选条码	物种数	变异位点（%）	简约信息位点（%）	核苷酸多样性（π）	序列比对长度（bp）	种间距离		种内距离	
						平均值	范围	平均值	范围
ITS1	156	180(50.70)	135(38.03)	0.04324	355	0.0502±0.0002	0.018~0.157	0.0038±0.0007	0~0.027
ITS2	158	172(50.15)	124(36.15)	0.03121	343	0.0310±0.0001	0.008~0.143	0.0034±0.0004	0~0.015
ITS	158	346(49.43)	259(37.00)	0.0365	700	0.0398±0.0001	0.018~0.130	0.0035±0.0005	0~0.019
*mat*K	82	225(32.80)	171(24.93)	0.03005	686	0.0316±0.0002	0.009~0.072	0.0013±0.0002	0~0.005
*rbc*L	64	129(10.13)	93(7.31)	0.01144	1273	0.0146±0.0001	0.003~0.034	0.0005±0.0001	0~0.003
*trn*H-*psb*A	65	360(52.40)	316(46.00)	0.13377	687	0.1352±0.0022	0.043~0.743	0.0071±0.0029	0~0.078
*trn*L-*trn*F	95	221(35.88)	155(25.16)	0.05302	616	0.0469±0.0006	0.010~0.175	0.0016±0.0006	0~0.017
ITS+*mat*K	158	685(44.39)	508(32.92)	0.03705	1543	0.0544±0.0005	0.019~0.708	0.0084±0.0015	0~0.055
ITS+*rbc*L	158	569(28.39)	430(21.46)	0.02518	2004	0.0455±0.0003	0.018~0.629	0.0059±0.0010	0~0.039
ITS+*trn*H-*psb*A	158	802(40.22)	662(33.20)	0.07221	1994	0.0692±0.0008	0.020~0.637	0.0102±0.0020	0~0.108
ITS+*trn*L-*trn*F	159	632(47.81)	449(33.96)	0.04622	1322	0.0453±0.0004	0.018~0.712	0.0041±0.0006	0~0.022
*mat*K+*rbc*L	82	373(19.04)	267(13.63)	0.01841	1959	0.0303±0.0004	0.007~0.441	0.0012±0.0002	0~0.007
*mat*K+*trn*H-*psb*A	82	696(50.11)	563(40.53)	0.08545	1389	0.0548±0.0008	0.012~0.673	0.0064±0.0020	0~0.072
*mat*K+*trn*L-*trn*F	104	529(39.21)	401(29.73)	0.04907	1349	0.1799±0.0028	0.019~1.163	0.1079±0.0243	0~0.710
*rbc*L+*trn*H-*psb*A	64	539(27.21)	471(23.78)	0.05305	1981	0.0458±0.0011	0.006~0.451	0.0027±0.0007	0~0.018

（续表）

候选条码	物种数	变异位点（%）	简约信息位点（%）	核苷酸多样性（π）	序列比对长度（bp）	种间距离		种内距离	
						平均值	范围	平均值	范围
*rbc*L+*trn*L−*trn*F	95	354（18. 52）	241（12. 61）	0. 02543	1911	0. 0468±0. 0006	0. 009～0. 261	0. 0195±0. 0055	0～0. 116
*trn*H−*psb*A+*trn*L−*trn*F	107	636（46. 12）	554（40. 17）	0. 08918	1379	0. 1958±0. 0023	0. 019～1. 067	0. 1137±0. 0206	0～0. 527
ITS+*mat*K+*rbc*L	158	1084（27. 30）	836（21. 06）	0. 02574	3970	0. 0528±0. 0005	0. 019−0. 622	0. 0096±0. 0014	0～0. 046
ITS+*mat*K+*trn*H−*psb*A	158	1278（49. 06）	1043（40. 04）	0. 07002	2605	0. 0608±0. 0006	0. 021～0. 799	0. 0131±0. 0020	0～0. 083
ITS+*mat*K+*trn*L−*trn*F	158	1192（54. 40）	903（41. 21）	0. 05794	2191	0. 0627±0. 0005	0. 021～0. 899	0. 0158±0. 0026	0～0. 100
ITS+*rbc*L+*trn*H−*psb*A	158	1060（37. 15）	770（26. 99）	0. 04964	2853	0. 0586±0. 0006	0. 020～0. 683	0. 0115±0. 0020	0～0. 074
ITS+*rbc*L+*trn*L−*trn*F	158	1183（38. 04）	893（28. 71）	0. 03607	3110	0. 0535±0. 0004	0. 018～0. 405	0. 0088±0. 0014	0～0. 060
ITS+*trn*H−*psb*A+*trn*L−*trn*F	158	1252（53. 44）	1002（42. 77）	0. 09098	2343	0. 0736±0. 0006	0. 022～0. 586	0. 0245±0. 0039	0～0. 138
*mat*K+*rbc*L+*trn*H−*psb*A	82	916（32. 60）	669（23. 81）	0. 0451	2810	0. 0557±0. 0009	0. 014～0. 48	0. 0056±0. 0014	0～0. 049
*mat*K+*rbc*L+*trn*L−*trn*F	102	743（24. 83）	550（18. 38）	0. 02641	2992	0. 1249±0. 0021	0. 015～0. 847	0. 0735±0. 0172	0～0. 466
*mat*K+*trn*H−*psb*A+*trn*L−*trn*F	101	1173（52. 11）	901（40. 03）	0. 0746	2251	0. 1854±0. 0031	0. 019～2. 164	0. 0788±0. 0168	0～0. 529
*rbc*L+*trn*H−*psb*A+*trn*L−*trn*F	96	945（31. 91）	761（25. 70）	0. 06071	2961	0. 1086±0. 0018	0. 014～0. 839	0. 0813±0. 0192	0～0. 474

（续表）

候选条码	物种数	变异位点（%）	简约信息位点（%）	核苷酸多样性（π）	序列比对长度（bp）	种间距离		种内距离	
						平均值	范围	平均值	范围
ITS+*mat*K+*rbc*L+*trn*H-*psb*A	158	1704（45.74）	1369（36.75）	0.05156	3725	0.0561±0.0005	0.020~0.827	0.0106±0.0016	0~0.053
ITS+*mat*K+*rbc*L+*trn*L-*trn*F	158	1684（32.37）	1113（21.39）	0.03199	5203	0.0599±0.0007	0.019~0.884	0.0127±0.0020	0~0.073
ITS+*mat*K+*trn*H-*psb*A+*trn*L-*trn*F	158	2051（48.56）	1695（40.13）	0.09365	4224	0.0761±0.0005	0.023~0.719	0.0355±0.0047	0~0.155
ITS+*rbc*L+*trn*H-*psb*A+*trn*L-*trn*F	158	2015（46.10）	1373（31.41）	0.08384	4371	0.0691±0.0005	0.021~0.679	0.0286±0.0045	0~0.160
*mat*K+*rbc*L+*trn*H-*psb*A+*trn*L-*trn*F	106	1270（31.35）	997（24.61）	0.05113	4051	0.1922±0.0028	0.021~1.122	0.0971±0.0192	0~0.544
ITS+*mat*K+*rbc*L+*trn*H-*psb*A+*trn*L-*trn*F	158	2389（44.23）	1879（34.79）	0.05769	5401	0.0713±0.0005	0.023~0.644	0.0292±0.0037	0~0.112

2.3.3　候选 DNA 条形码种间种内距离和 "Barcoding gap" 分析

研究结果表明，候选 DNA 条形码片段的种内变异明显低于相应的种间变异（表 2-5）。在所有的单个片段中，*rbc*L 的平均种间距离（0.0146）和种内距离（0.0005）均最小；*trn*H-*psb*A 的种间距离（0.1352）和种内距离（0.0071）最大。在组合片段中，*trn*H - *psb*A + *trn*L - *trn*F 的种间距离（0.1958）和种内距离（0.1137）最大；*mat*K+*rbc*L 的最小，分别为 0.0303 和 0.0012。

理想的 DNA 条形码应该有明显的 "barcode gap"，即最大种内距离应明显小于最小种间距离。单个和组合片段的 K2P 距离相对分布图（图 2-1）显示，在 *mat*K 和 *rbc*L 中可以观察到 "barcode gap"：*mat*K 的最大种内距离 0.0051<最小种间距离 0.0090；*rbc*L 的最大种内距离 0.0025<最小种间距离 0.0034（表 2-5，图 2-1）。而在其他候选 DNA 条形码中不存在明显的 "barcode gap"。

2.3.4　候选序列的鉴定效率评估——序列相似法

本研究采用 NN、BM 和 BCM 三种序列相似性分析方法来评估野豌豆属候选 DNA 条形码的鉴定效率（表 2-6）。在单个片段分析中：NN 分析结果显示，*mat*K 的鉴定效率最高（76.98%），*trn*L - *trn*F 的鉴定效率最低（56.65%）；BM 和 BCM 分析结果显示，相对于其他单个条码来说，ITS2（BM 61.6%，BCM 61.6%）和 ITS（BM 60.12%，BCM 59.91%）有较高的鉴定效率，相反 *rbc*L 的鉴定效率最低（BM 35.65%，BCM 35.65%）。

在组合片段中，*mat*K+*trn*H-*psb*A 的鉴定效率最高，NN 分析结果显示该组合的鉴定效率为 79.46%，BM 为 61.61%，BCM 为 61.61%（阈值为 2.05%），该片段组合的鉴定效率要高于所有的单个片段；在 NN 分析中鉴定效率最低的片段组合为 ITS+*mat*K+*rbc*L+*trn*H-*psb*A+*trn*L-*trn*F（48.41%），BM 和 BCM 分析中鉴定效率最低的片段组合均为 *rbc*L + *trn*L - *trn*F（BM 32.09%，BCM 31.79%）。

2.3.5　候选序列的鉴定效率评估——最大似然树法

由于 ITS 数据集中包含的物种数量几乎是其他片段数据集的两倍，所以 ITS 及包含 ITS 的组合片段解决物种数较多。基于建树法（ML 树，图 2-2），ITS 和 ITS+*trn*L-*trn*F 鉴定的物种数最多，分别为 100 种（63.29%）和

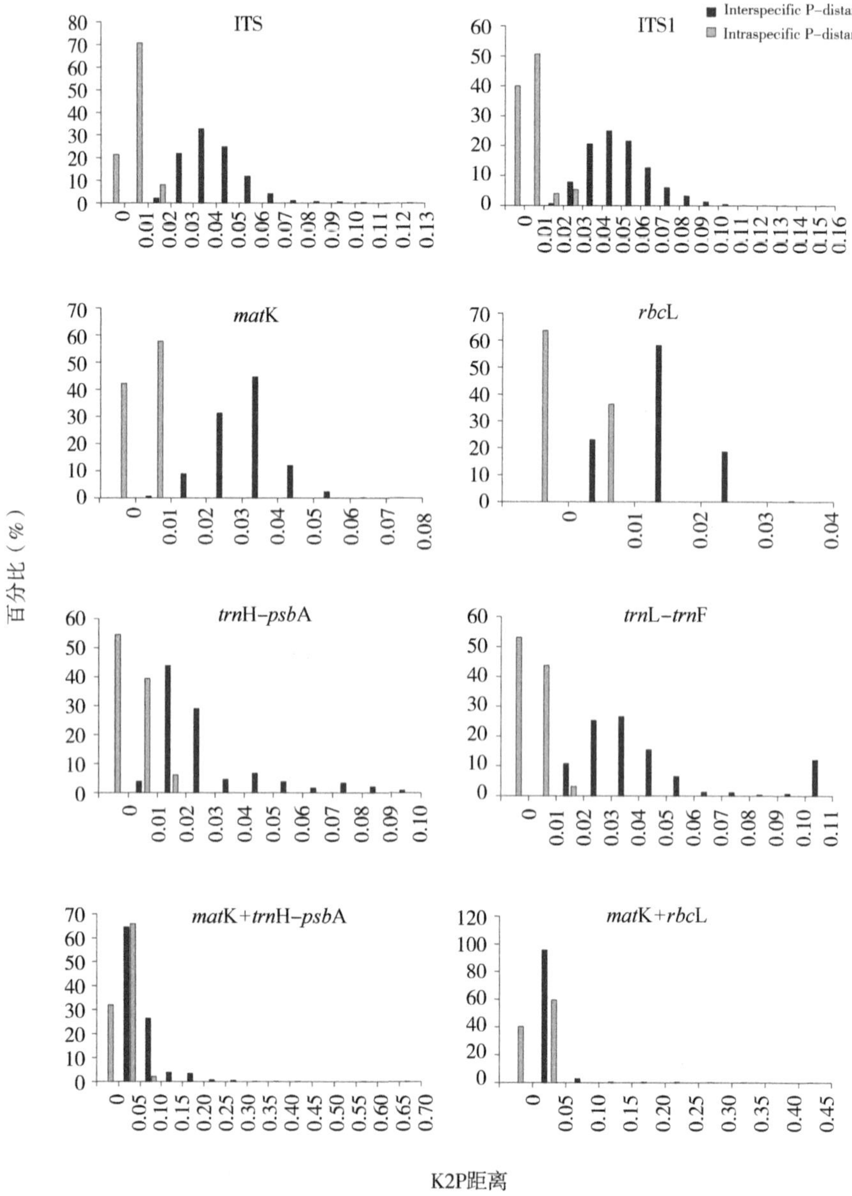

图 2-1　基于 8 个候选 DNA 条形码的种内种间 K2P 距离分布图

表 2-6　基于不同方法的候选 DNA 条形码鉴定效率

候选条码	建树法（ML,%）		最邻近法（NN,%）		最佳匹配法（BM,%）			最佳相似法（BCM,%）				
	解决	未解决	正确	错误	正确	存疑	错误	正确	存疑	错误	未匹配	阈值（%）
ITS1	60. 26	39. 74	61. 18	38. 82	47. 05	37. 43	15. 5	46. 79	35. 82	13. 1	4. 27	1. 58
ITS2	40. 51	59. 49	65. 4	34. 6	61. 6	27. 6	10. 8	61. 6	26. 4	9. 19	2. 8	0. 98
ITS	63. 29	36. 71	68. 5	31. 5	60. 12	17. 91	21. 96	59. 91	17. 69	17. 69	4. 68	1. 32
*mat*K	70. 73	29. 27	76. 98	23. 02	54. 58	31. 87	13. 54	54. 58	31. 07	9. 95	4. 38	0. 75
*rbc*L	65. 63	34. 37	72. 17	27. 83	35. 65	53. 91	10. 43	35. 65	53. 91	8. 26	2. 17	0. 43
*trn*H-*psb*A	75. 38	24. 62	74. 59	25. 41	51. 89	25. 31	22. 78	49. 36	25. 31	15. 82	9. 49	2. 36
*trn*L-*trn*F	57. 89	42. 11	56. 65	43. 35	40. 43	41. 3	18. 26	40	38. 26	12. 6	9. 13	0. 66
ITS+*mat*K	58. 86	41. 14	66. 6	33. 4	59. 4	18. 81	21. 78	59. 2	18. 81	19. 2	2. 77	1. 88
ITS+*rbc*L	57. 59	42. 41	64. 99	35. 01	52. 55	24. 8	22. 63	52. 36	24. 8	19. 09	3. 74	1. 36
ITS+*trn*H-*psb*A	54. 43	45. 57	64. 82	35. 18	58. 43	19. 27	22. 28	58. 43	19. 27	20. 68	1. 6	2. 64
ITS+*trn*L-*trn*F	65. 41	34. 59	67. 92	32. 08	59. 95	16. 39	23. 65	58. 92	16. 18	19. 08	5. 8	1. 3
*mat*K+*rbc*L	60. 98	39. 02	63. 82	36. 18	47. 03	39. 14	13. 81	46. 71	38. 81	11. 51	2. 96	0. 63
*mat*K+*trn*H-*psb*A	62. 20	37. 8	79. 46	20. 54	61. 61	22. 53	15. 84	61. 61	22. 18	14. 08	2. 11	2. 05
*mat*K+*trn*L-*trn*F	45. 19	54. 81	66. 2	33. 8	49. 85	34. 08	16. 05	49. 57	34. 08	14. 64	1. 69	1. 94
*rbc*L+*trn*H-*psb*A	65. 63	34. 37	71. 71	28. 29	45. 13	40. 85	14	45. 13	40. 85	12. 83	1. 16	3. 24
*rbc*L+*trn*L-*trn*F	41. 05	58. 95	62. 39	37. 61	32. 09	51. 23	16. 66	31. 79	49. 69	12. 96	5. 55	0. 63
*trn*H-*psb*A+*trn*L-*trn*F	53. 27	46. 73	61. 68	38. 32	47. 23	31. 28	21. 47	47. 23	31. 28	21. 16	0. 3	8. 59

（续表）

候选条码	建树法（ML,%）		最邻近法（NN,%）		最佳匹配法（BM,%）				最佳相似法（BCM,%）			
	解决	未解决	正确	错误	正确	存疑	错误	正确	存疑	错误	未匹配	阈值（%）
ITS+*mat*K+*rbc*L	57. 59	42. 41	63. 52	36. 48	58. 65	18. 07	23. 26	58. 65	18. 07	22. 88	0. 38	3. 13
ITS+*mat*K+*trn*H−*psb*A	57. 59	42. 41	62. 62	37. 38	60. 66	16. 43	22. 89	60. 46	16. 43	22. 89	0. 19	8. 48
ITS+*mat*K+*trn*L−*trn*F	56. 33	43. 67	62. 62	37. 38	59. 33	15. 12	25. 54	59. 33	15. 12	25. 54	0	8. 09
ITS+*rbc*L+*trnH*−*psb*A	60. 76	39. 24	63. 5	36. 5	57. 33	19. 11	23. 55	57. 14	19. 11	21. 81	1. 93	2. 18
ITS+*rbc*L+*trn*L−*trn*F	60. 76	39. 24	62. 74	37. 26	59. 76	17. 02	23. 21	59. 76	17. 02	23. 21	0	22. 86
ITS+*trn*H−*psb*A+*trn*L−*trn*F	60. 76	39. 24	60. 08	39. 92	60. 63	12. 72	26. 64	60. 63	12. 72	26. 64	0	11. 13
*mat*K+*rbc*L+*trn*H−*psb*A	60. 98	39. 02	70. 63	29. 38	57. 99	25. 7	16. 3	57. 99	25. 39	14. 73	1. 88	1. 51
*mat*K+*rbc*L+*trn*L−*trn*F	41. 18	58. 82	64. 59	35. 41	48. 5	31. 33	20. 16	48. 5	30. 79	17. 43	3. 26	1
*mat*K+*trn*H−*psb*A+*trn*L−*trn*F	46. 53	53. 47	62. 14	37. 86	54. 37	26. 52	19. 09	54. 37	26. 25	18. 3	1. 06	3. 25
*rbc*L+*trn*H−*psb*A+*trn*L−*trn*F	36. 46	63. 54	62. 94	37. 06	41. 19	35. 82	22. 98	41. 19	35. 82	22. 38	0. 59	5. 73
ITS+*mat*K+*rbc*L+*trn*H−*psb*A	55. 7	44. 3	59. 96	40. 04	58. 2	15. 64	26. 14	58. 2	15. 64	25. 95	0. 19	4. 05
ITS+*mat*K+*rbc*L+*trn*L−*trn*F	56. 96	43. 04	58. 91	41. 09	57. 63	17. 36	25	57. 63	17. 36	24. 8	0. 19	3. 63
ITS+*mat*K+*trn*H−*psb*A+*trn*L−*trn*F	52. 53	47. 47	61. 49	38. 51	59. 33	11. 86	28. 79	59. 33	11. 86	28. 59	0. 19	23. 14
ITS+*rbc*L+*trn*H−*psb*A+*trn*L−*trn*F	57. 59	42. 41	55. 77	44. 23	57. 19	15. 35	27. 44	57. 19	15. 35	27. 44	0	17. 78
*mat*K+*rbc*L+*trn*H−*psb*A+*trn*L−*trn*F	47. 17	52. 83	63. 77	36. 23	53. 26	25. 37	21. 35	53. 26	25. 12	19. 34	2. 26	2. 25
ITS+*mat*K+*rbc*L+*trn*H−*psb*A+*trn*L−*trn*F	55. 7	44. 3	48. 41	51. 59	58. 63	12. 71	28. 65	58. 63	12. 71	28. 46	0. 18	11. 26

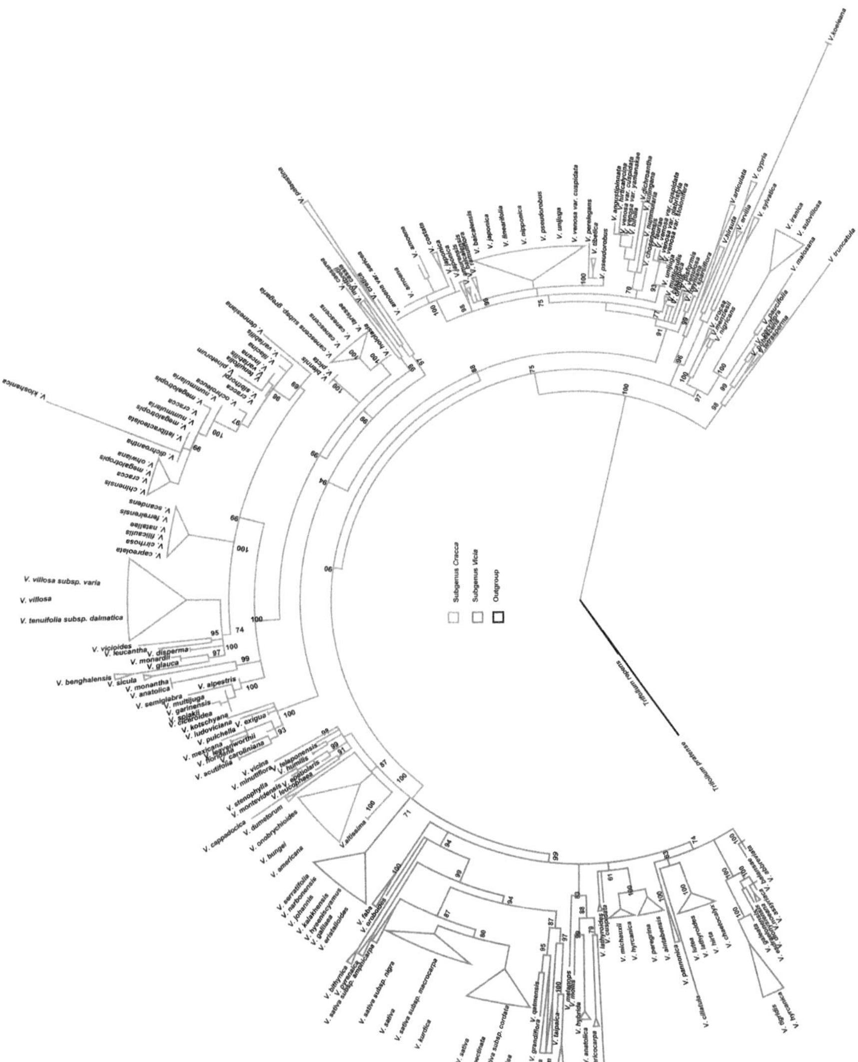

图2-2　基于158个野豌豆属物种的ITS-ML树（简图）

104 种（65.41%）。在单个片段中，*mat*K（70.73%）和 *trn*H－*psb*A（75.38%）的鉴定效率比较高，而 *trn*L-*trn*F 的鉴定效率最低，为 57.98%（表 2-5）。在组合片段中，*rbc*L+*trn*H-*psb*A（65.63%）和 ITS+*trn*L-*trn*F（65.41%）的鉴定效率较高（表 2-5），而 *rbc*L+*trn*H-*psb*A+*trn*L-*trn*F（36.46%）在所有的候选条码中鉴定效率是最低的。*mat*K+*trn*H-*psb*A 组合表现良好，在 82 个物种中能成功鉴别 51 个种，鉴定效率为 62.20%；另外，CBOL 推荐的最佳植物条形码组合 *mat*K+*rbc*L 能在 82 个物种中成功鉴别 50 个种。

2.4 讨论

DNA 条形码是一种简便、高效、准确的物种鉴定工具[185-187]，而物种鉴定效率是评估最适 DNA 条形码的一个重要标准[65]。我们评估了 33 个候选 DNA 条形码在野豌豆属物种中的鉴别效率。遗憾的是，本研究中所有的单个片段和组合片段都不能完全鉴定野豌豆属的每一个物种。这可能是由野豌豆属复杂的遗传背景所决定的，该属物种染色体倍性丰富（2n=10，12，14，24，28；x=5，6，7），属内物种多为一年生，两年生和多年生草本植物。本研究结果也反映了野豌豆属物种目前的分类状态，即以不同特征为标准时，对有些物种的界定和描述是不一致的；同时对许多种下分类单元的命名和分类等级也存在很大的争议[4,10,188]。本研究基于不同的分析方法评价候选 DNA 条形码的鉴定效率筛选最适于野豌豆属物种的 DNA 条形码，有助于野豌豆属物种及种下分类单元的界定。

2.4.1 野豌豆属最适 DNA 条形码筛选

本研究共分析了 161 个野豌豆属物种的 1807 条序列，其中包括 31 个种的 361 条新测序的序列（已上传至 GENBANK，见附表 1）。研究结果显示，单个片段中 *mat*K 和 *trn*H-*psb*A 是最适于野豌豆属物种鉴定的 DNA 条形码（表 2-5）。在不同的分析方法中，*mat*K 和 *trn*H-*psb*A 均有较高的鉴定效率。这两个片段同时表现出较高的种间变异和较低的种内变异。国际生命条形码联盟已将植物叶绿体 *mat*K 基因作为植物 DNA 标准条码的核心条码，且在多种植物中得到验证[49,77,137]。在本研究中，*mat*K 在野豌豆属物种中的鉴定效率为 76.98%（NN），比其他候选条码的鉴定效率都要高。另外基于 ML 树方法分析时，*mat*K 物种鉴定效率可达 70.73%。*mat*K 是进化比较快的叶绿体编码基因，有较为显著的种间变异，和较低的转换/颠换率[65,83]。在之前野豌豆属相关研究中，*mat*K也表现出了较高的物种鉴定效率[189,190]。此外*mat*K具有种间距离大，序列变异位点含量及核苷酸多态性丰富的特点，都支持该片段可作为野豌豆属物种鉴定的DNA条形码。

*trn*H-*psb*A是最有潜力的陆地植物[62]条形码，该条码具有普适性和种间序列的高度变异的特点，已被证实在多种植物中鉴定效率都很高[63,68,187,191-193]。本研究中，*trn*H-*psb*A序列的比对长度适中（687bp），适合作为DNA条形码片段。与其他片段相比，*trn*H-*psb*A序列有较高的变异位点含量、信息位点含量和丰富的核苷酸多态性（表2-5）。基于ML树分析时，*trn*H-*psb*A的物种鉴定效率（75.38%）最高；同时在基于序列相似性分析时也有较高的鉴定效率（表2-5）。因此，*trn*H-*psb*A被推荐作为野豌豆属物种的DNA条形码。

ITS的序列变异程度高，很早之前就被推荐作为陆地植物的DNA条形码来进行物种鉴定[62,192,194-198]。跟ITS片段的快速进化速率相一致，该片段在野豌豆属物种中表现出丰富的核苷酸多态性（π=0.0365）和较高的变异位点含量（49.63%）（表2-5）。ITS在野豌豆属系统发育研究中一直有良好的表现[32,33,199]。另外，ITS2在有些物种中表现出较高的物种鉴定效率并被推荐为陆地植物通用DNA条形码[60,200]。然而，ITS2在野豌豆属物种中的鉴定效率显著低于其他片段，仅有40.51%（表2-5）。在所有的分析方法中，ITS和ITS1在野豌豆属物种中的鉴定效率均在60%左右，与*mat*K和*trn*H-*psb*A相比鉴定效率十分有限（表2-5）。但是考虑到DNA条形码鉴定中核基因信息的关键性[201,202]，本研究推荐ITS（或ITS1）作为野豌豆属物种鉴定的备用条码。

与其他片段相比，尽管*rbc*L的鉴定效率较高，但种内种间变异程度过低使得该片段也无法在野豌豆属物种鉴定中应用，同时也有研究指出在许多属种中*rbc*L的序列变异程度较低[203-205]。对于*trn*L-*trn*F来说，虽然有研究表明该片段在红豆杉属（*Taxus* L.）物种中有较高的鉴定效率[196,202]，但是在本研究中该片段的鉴定效率极低（表2-5）。因此，*rbc*L和*trn*L-*trn*F不适合作为野豌豆属的DNA条形码。

通常来说，相对于单个片段，组合片段能明显提高物种鉴定效率[65,68,196,206]。然而在本研究中，组合片段并没有明显提高野豌豆属物种的鉴定效率（表2-5），很多其他研究也报道了这一发现[49,186,187,203]。我们发现由国际生物条形码组织（CBOL）推荐的植物条码组合*mat*K+*rbc*L鉴定效率为 72%[65]，但在野豌豆属物种中的鉴定效率只有 60%左右。一般来说，植物 DNA 条形码组合片段应该包括质体（叶绿体）基因和核基因[61]，但是在本研究中包含 ITS 的片段组合的鉴定效率均不尽如人意。此外，*mat*K+*trn*H-*psb*A 组合的鉴定效率较高，结合单个片段 *mat*K 和 *trn*H-*psb*A 均有较高的鉴定效率，故该组合也可推荐为野豌豆属的 DNA 条形码。

2.4.2 不同方法的野豌豆属 DNA 条码鉴定效率比较

本研究中，我们采用了建树法（ML 树）、"barcoding gap" 和序列相似性法（"nearest neighbor，NN" "best match，BM" 和 "best close match，BCM"）来评估候选 DNA 条形码的鉴定效率。在所有的分析方法中，ML 树法和 NN 法中各个候选 DNA 条形码的鉴定效率最高（表 2-6，图 2-3），而 BM 和 BCM 法得到的 DNA 条形码的鉴定效率较低。

另外，野豌豆属物种各个候选片段的种间距离和种内距离重叠部分太大，即使移除 5%的极端值，仍无法得到明显的 "barcoding gap"（图 2-1，表 2-5），表明 "barcoding gap" 评估法在野豌豆属物种中不太适用。虽然 "barcoding gap" 已经在许多物种鉴定中得到成功应用[205,207]，但本研究及栎属[205,207]和梅花草属[210]的 DNA 条形码研究中也没有发现明显的 "barcoding gap"，说明 "barcoding gap" 检验并不是一个通用标准。

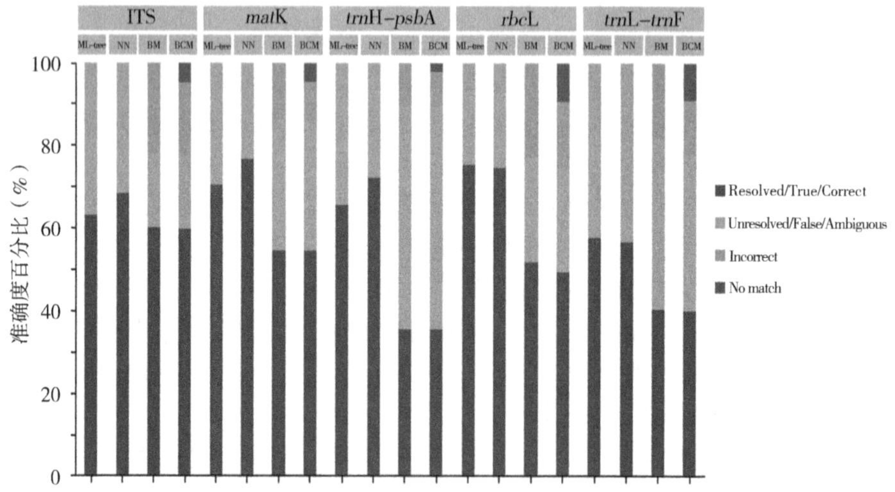

图 2-3 基于不同方法评价 DNA 条形码的物种解决率

以 DNA 材料为基础的应用要面临一个物种鉴定方法的精确性和简便性之间的权衡[202]。尽管序列相似性方法已经在多个研究中被证实可靠易实施并且容易计算[198,211]，但该分析方法并不能得到样本精确的物种鉴定结果。而 ML 树可以直观地看到某个种的样本是否可以形成单系，从而进行精准的物种鉴定。因此，相对于其他分析方法，本研究认为建树法是评估野豌豆属 DNA 条形码鉴定效率的最佳方法（图 2-3）。通过 ML 树评估，本研究共成功从 161 个野豌豆属物种中鉴定了 119 个物种（附表 3）。遗憾的是，一些亲缘关系特别近的物种仍不能被准确鉴定：如 *V. cirrhosa* Webb & Berthel.，*V. ferreirensis* Goyder 和 *V. nataliae* U. Reifenb. & A. Reifenb；*V. johannis* Tamamsch. 和 *V. sativa* complex 等，而这些种也是一直以来在分类等级和系统发育关系上备受争议的物种[4,30,37,212]。因此，需要更深入的研究来解决野豌豆属的分类问题，本研究结果为以后的研究奠定了坚实的基础。

2.5　小结

本研究基于 161 个种 1246 份材料的序列数据进行了野豌豆属理想 DNA 条形码的评估，并推荐 *mat*K、*trn*H-*psb*A 和 *mat*K+*trn*H-*psb*A 作为野豌豆属物种鉴定的理想 DNA 条码。另外，由于核基因信息的关键性，ITS（或 ITS1）可作为野豌豆属物种鉴定的备用条码。以上四个条码结合而成的"DNA 条码系统"可作为野豌豆属物种鉴定和种质资源收集评估一个有效的鉴定工具。

第3章　中国野豌豆属分子系统学研究

3.1　材料与方法

本试验包括中国分布野豌豆属34种4变种（表3-1），物种详细信息及序列信息见附表1和附表2。DNA提取、DNA修复和目的片段的PCR扩增测序方法同前（第2章）。

表3-1　本试验中中国分布的野豌豆属物种

数量	种名	拉丁名
1	山野豌豆	*Vicia amoena*
2	黑龙江野豌豆	*Vicia amurensis*
3	大花野豌豆	*Vicia bungei*
4	华野豌豆	*Vicia chinensis*
5	新疆野豌豆	*Vicia costata*
6	广布野豌豆	*Vicia cracca*
7	二色野豌豆	*Vicia dichroantha*
8	蚕豆	*Vicia faba*
9	大野豌豆	*Vicia gigantea*
10	小巢菜	*Vicia hirsuta*
11	东方野豌豆	*Vicia japonica*
12	确山野豌豆	*Vicia kioshanica*
13	牯岭野豌豆	*Vicia kulingiana*
14	宽苞野豌豆	*Vicia latibracteolata*
15	阿尔泰野豌豆	*Vicia lilacina*
16	大龙骨野豌豆	*Vicia megalotropis*
17	多茎野豌豆	*Vicia multicaulis*

（续表）

数量	种名	拉丁名
18	多叶野豌豆	*Vicia multijuga*
19	西南野豌豆	*Vicia nummularia*
20	头序歪头菜	*Viciaohwiana*
21	褐毛野豌豆	*Vicia pannonica*
22	精致野豌豆	*Vicia perelegans*
23	大叶野豌豆	*Vicia pseudorobus*
24	北野豌豆	*Vicia ramuliflora*
25	救荒野豌豆	*Vicia sativa*
26	野豌豆	*Vicia sepium*
27	太白野豌豆	*Vicia taipaica*
28	细叶野豌豆	*Vicia tenuifolia*
29	四籽野豌豆	*Vicia tetrasperma*
30	西藏野豌豆	*Vicia tibetica*
31	歪头菜	*Vicia unijuga*
32	欧洲苕子	*Vicia varia*
33	柳叶野豌豆	*Vicia venosa*
34	长柔毛野豌豆	*Vicia villosa*

3.2　数据处理与分析

本试验基于 ITS、*mat*K、rbcL 和 *trn*H-*psb*A 序列数据来进行系统发育树的构建。序列通过 MAFFT[175] 进行多重比对，并用 MEGA7[176] 进行手工校正。

3.2.1　系统发生分析

系统发育分析采用中的最大简约法（Maximum parsimony，MP）和最大似然法（Maximum likelihood，ML）进行。

最大简约法（MP）采用 PAUP 4.0b10[213] 来分析，采用启发式搜索法（Heuristic searches）进行。启发式搜索对所有核苷酸性状状态等同加权处理（即无序状态），空位（Gap）始终作为缺失（Missing）状态，不参与运算，采用 100 次重复的随机加入（Random addition of 100 replicates），树等分与重连（Tree-bisection-reconnection，TBR）分枝交换法获取系统树[214]。系统发育树拓扑结构的可靠性用1000次重复（Replicates）的自展（Bootstrap，BS）分析来评估[184]。

最大似然性法（ML）采用 IQ-TREE 1.6.2[183]来分析，IQ-TREE 是一款基于最大似然法（ML）的建树软件，具有准确、快速、灵活等特点。IQ-TREE 支持多种序列数据格式，其中 Phylip 为该软件首选，但也可以直接读取 FASTA 序列，程序会自动转为 Phylip 格式，省去格式转换的步骤；在应用 ML 法重建系统发育树前，需要进行核苷酸替换模型的选择，IQ-TREE 整合了 ModelFinder 这个模块，可以快速获得目的数据的最佳进化模型（可通过软件中“TEST”功能来选择最适核苷酸替代模型）；应用 Windows 版 IQ-TREE 建树前，需要先调用出 Window 的命令行界面（Win 键+R 回车后，输入 cmd 再次回车即可显示），通过 cd 命令逐级进入 IQ-TREE 的子目录内，命令格式为：./iqtree.exe -s ./file.fasta -m TEST -bb 1000-alrt 1000-nt AUTO，其中参数-s 即 sequence，其之后为序列（含路径），可以将序列直接拖入命令运行窗口；参数-m 即 model，通过“TEST”选定最佳模型；参数-bb 即 ultrafast bootstrap approximation（UFBoot），其后为重复抽样次数，默认值1000，这里的 UFBoot 即超快自展也是 IQ-TREE 构建 ML 树的优点。

在 MP 和 ML 分析中，50%~69%的 BS 值被认为是弱支持，70%~89%认为是中等支持，90%以上是强支持。

3.2.2 不一致性检验和联合数据分析

本研究的部分种及 GenBank 中下载的数据中仅有一套序列，排除这些种类后，利用两套（多套）序列同时构建分子系统树。数据合并分析时，利用 PAUP 4.0b 10 软件[213]进行不一致差异性（ILD）检验。100 次重复，每次重复开始于 10 个任意增加而进行进化树对分重接（TBR）。得到的 P 值用来决定是否将数据合并以进行进一步的系统发育分析。当来自不同 DNA 片段所得到的系统发育树间不存在显著冲突（$P>0.01$）时，不同片段的数据将进一步合并进行系统发育分析。

3.3 结果

3.3.1 基于核基因 ITS 序列的系统发育分析

ITS 序列共包括 34 种 4 变种的 196 个个体，以及两个外类群白三叶草

（*Trifolium repens* L.）和红三叶草（*Trifolium pratense* L.）。

建树结果显示MP树和ML树（图3-1）的拓扑结构相似，结果描述以ML树结构为主，不同之处加以MP树描述，下同。TIM3e+G4为ITS的最优进化模型。最大简约法分析生成的MP树的一致性指数CI=0.728，保持性指数RI=0.957。在690个碱基中，包含47个变异位点，135个有效信息位点（parimony-informative characters）。启发式搜索法共获得8025棵等长的（树长=305）简约树。

ITS树共分为七个分枝。第一个分枝（MP_BS=59%；ML_BS=99%）包含的是Cracca亚属的物种：绢毛山野豌豆，山野豌豆；东方野豌豆（*V. japonica*），大叶野豌豆，歪头菜（*V. unijuga*）；新疆野豌豆（*V. costata*）；牯岭野豌豆（*V. kulingana*），西南野豌豆（*V. nummularia*）；柳叶野豌豆（*V. venosa*）；北野豌豆（*V. ramuliflora*）；黑龙江野豌豆（*V. amurensis*）；西藏野豌豆（*V. tibetica*）；精致野豌豆（*V. perelegans*）；二色野豌豆（*V. dichroantha*）；多茎野豌豆（*V. multicaulis*）。

第二个分枝（MP_BS=85%；ML_BS=99%）包含的也是*Cracca*亚属的物种：华野豌豆（*V. chinensis*），大龙骨野豌豆（*V. megalotropis*），广布野豌豆，西南野豌豆，头序歪头菜（*V. ohwiana*），二色野豌豆，宽苞野豌豆（*V. latibracteolata*），确山野豌豆（*V. kioshanica*），细叶野豌豆（*V. tenuifolia*），阿尔泰野豌豆（*V. lilacina*）；长柔毛野豌豆，光叶苕子；多叶野豌豆（*V. multijuga*）。

第三个分枝（MP_BS=82%；ML_BS=92%）为大花野豌豆（*V. bungei*）所有样品聚在一起形成的单系分枝。

第四个分枝（MP_BS=43%；ML_BS=97%）包含的是*Vicia*亚属的物种以及太白野豌豆（*V. taipaica*）。*Vicia*亚属的物种包括有：窄叶野豌豆，救荒野豌豆；野豌豆（*V. sepium*）；蚕豆；褐毛野豌豆（*V. pannonica*）。

第五个分枝（MP_BS=99%；ML_BS=100%）为大野豌豆（*V. gigantea*）所有样品聚在一起形成的单系分枝。

第六个分枝（MP_BS=70%；ML_BS=99%）为四籽野豌豆（*V. tetrasperma*）所有样品聚在一起形成的单系分枝。

第七个分枝（MP_BS=95%；ML_BS=100%）为小巢菜所有样品聚在一起形成的单系分枝。

图 3-1　a. 基于 ITS 序列的中国野豌豆属物种 ML 树

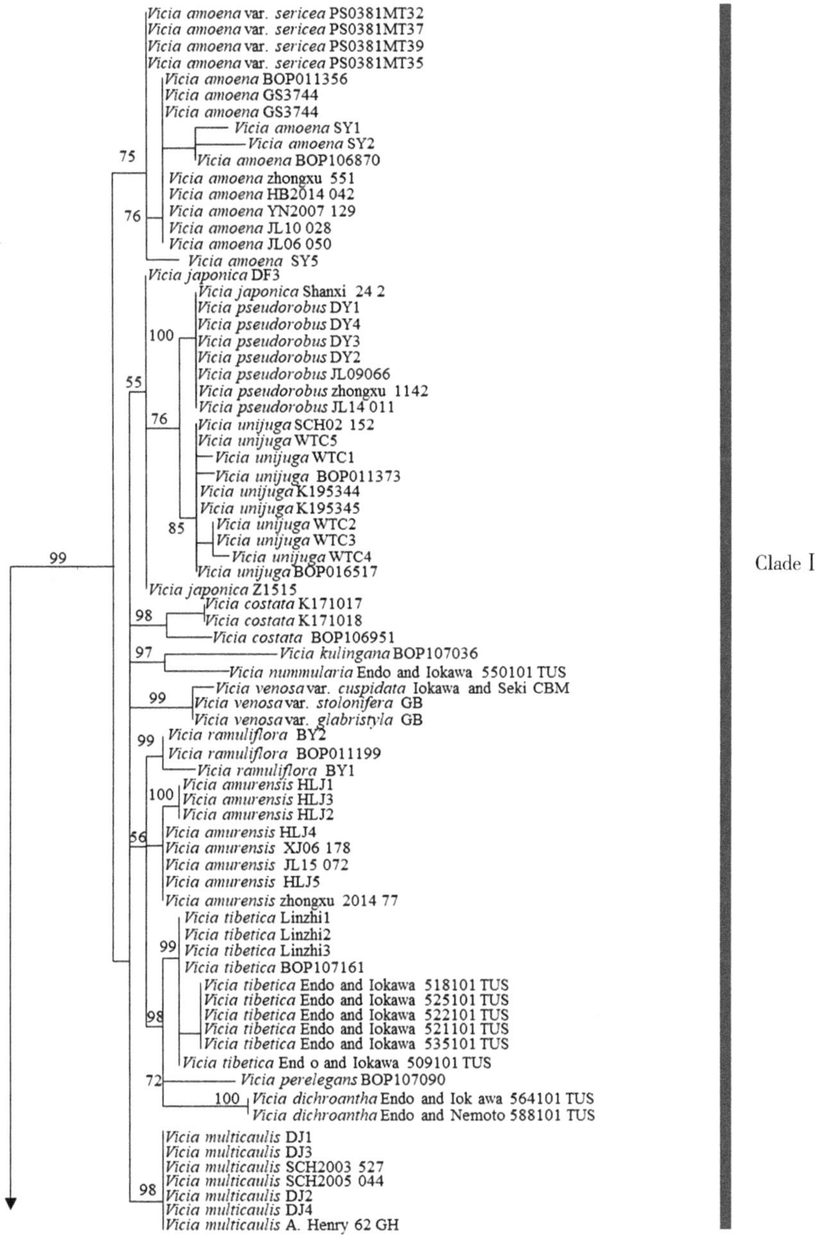

图 3-1　b. 基于 ITS 序列的中国野豌豆属物种 ML（Clade Ⅰ）树

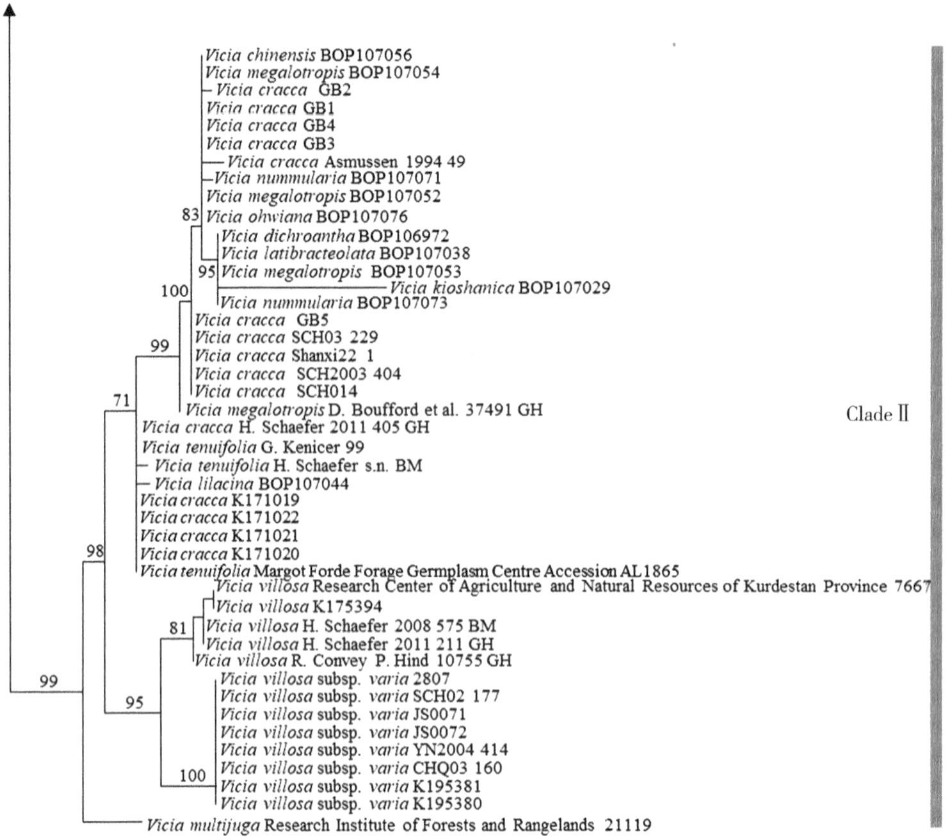

图 3-1 c. 基于 ITS 序列的中国野豌豆属物种 ML（Clade Ⅱ）树

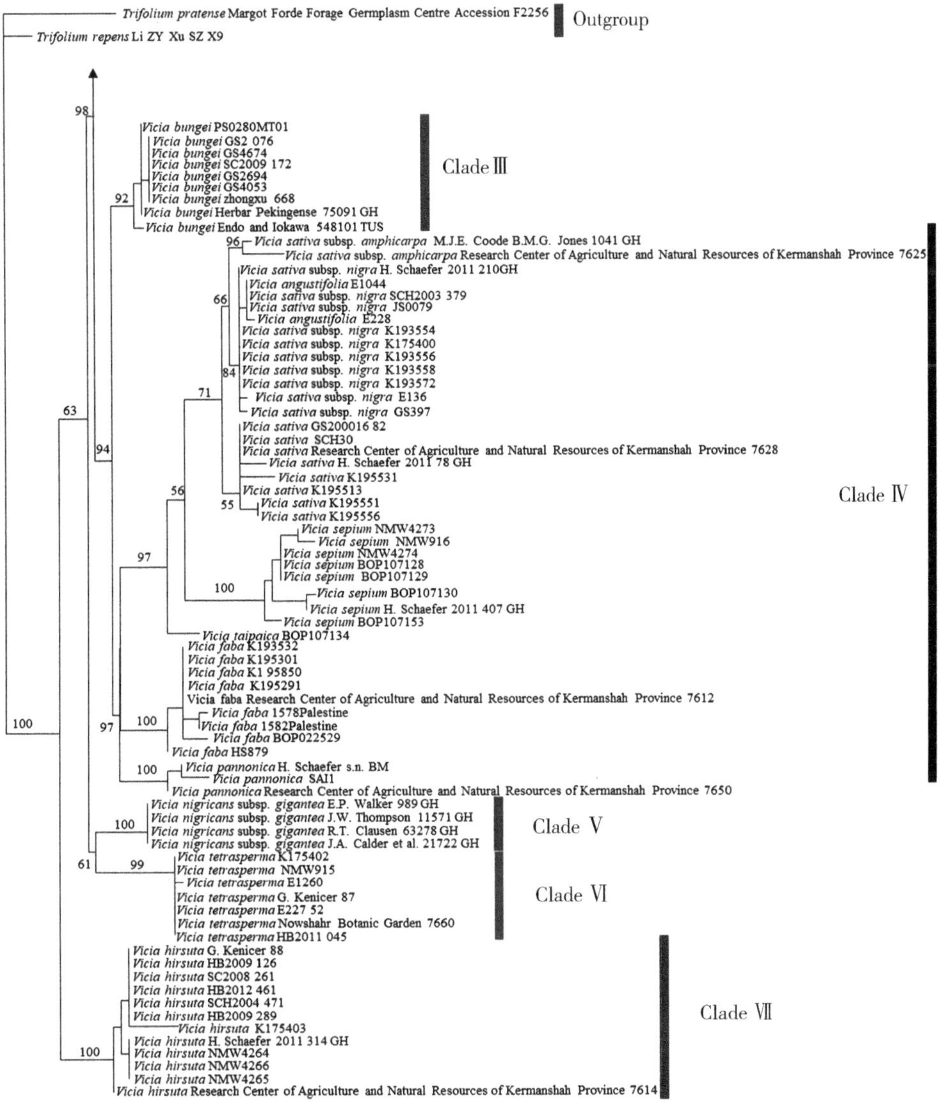

图 3-1　d. 基于 ITS 序列的中国野豌豆属物种 ML（CladeⅢ-Ⅶ）树

3.3.2 基于叶绿体基因片段的系统发育分析

3.3.2.1 *matK* 基因

*mat*K 序列共包括 23 种 4 变种的 125 个个体，以及两个外类群红三叶草和白三叶草。

建树结果显示 MP 树和 ML 树的拓扑结构相似。TVM+F+G4 是 *mat*K 的最优进化模型。MP 树的一致性指数 CI = 0.800，保持性指数 RI = 0.975。在 686 个碱基中，包含 30 个变异位点，102 个简约信息位点。启发式搜索法共获得 14 325 颗等长（树长 = 180）的简约树。

*mat*K 树（图 3-2）共分为六个分枝。第一个分枝（MP_BS = 64%；ML_BS = 93%）包括有 *Cracca* 亚属的部分物种。这个分枝又分为两个小的分枝，一个分枝（MP_BS = 100%；ML_BS = 100%）包括有山野豌豆；二色野豌豆，西藏野豌豆，西南野豌豆；东方野豌豆，北野豌豆，多茎野豌豆，大叶野豌豆，歪头菜，柳叶野豌豆；黑龙江野豌豆，新疆野豌豆。另一个分枝（MP_BS = 100%；ML_BS = 100%）包含广布野豌豆，细叶野豌豆，大龙骨野豌豆；光叶苕子，长柔毛野豌豆。

第二个分枝（MP_BS = 96%；ML_BS = 99%）为大花野豌豆所有样品聚在一起形成的单系分枝。

第三个分枝（MP_BS = 73%；ML_BS = 94%）包含的是 *Vicia* 亚属的物种：蚕豆；窄叶野豌豆，救荒野豌豆；野豌豆；褐毛野豌豆。

第四个分枝（MP_BS = 100%；ML_BS = 100%）为小巢菜所有样品聚在一起形成的单系分枝。

第五个分枝（MP_BS = 100%；ML_BS = 100%）为大野豌豆所有样品聚在一起形成的单系分枝。

第六个分枝（MP_BS = 100%；ML_BS = 100%）为四籽野豌豆所有样品聚在一起形成的单系分枝。

图 3-2　a. 基于 *mat*K 序列的中国野豌豆属物种 ML 树

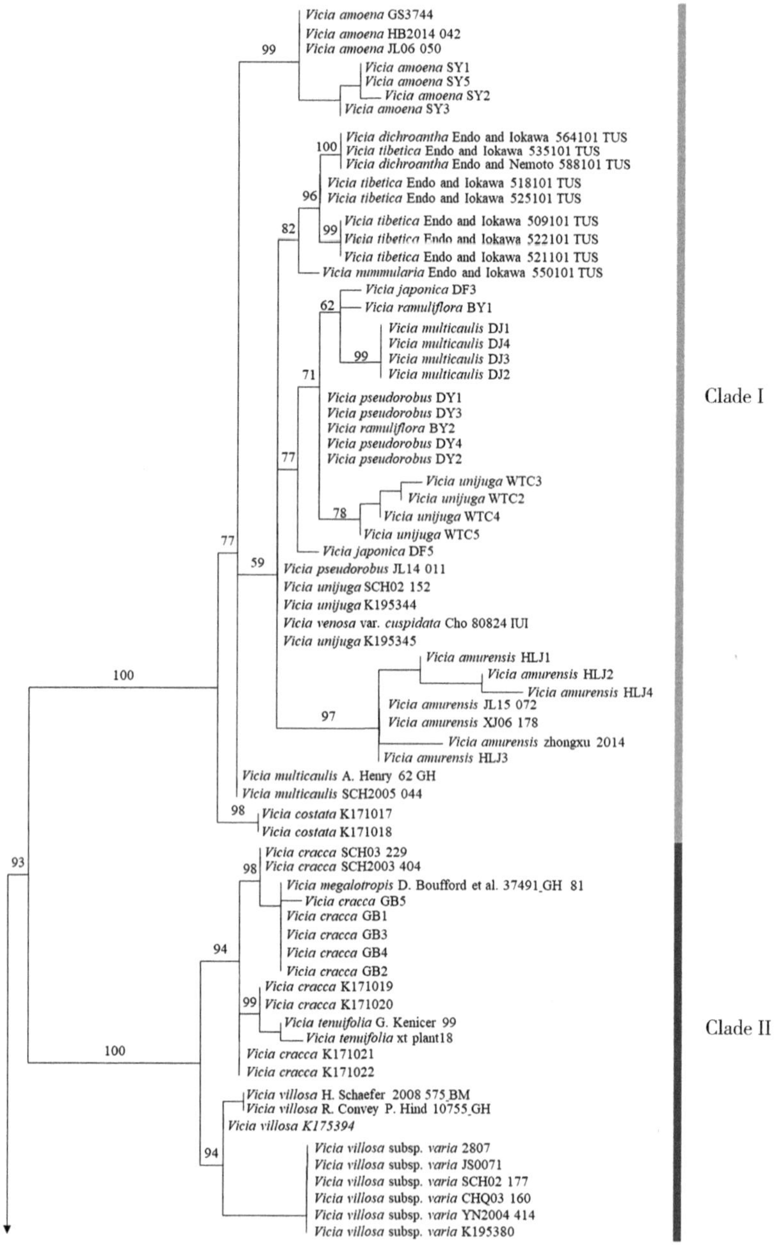

图 3-2 b. 基于 *mat*K 序列的中国野豌豆属物种 ML（Clade Ⅰ-Ⅱ）树

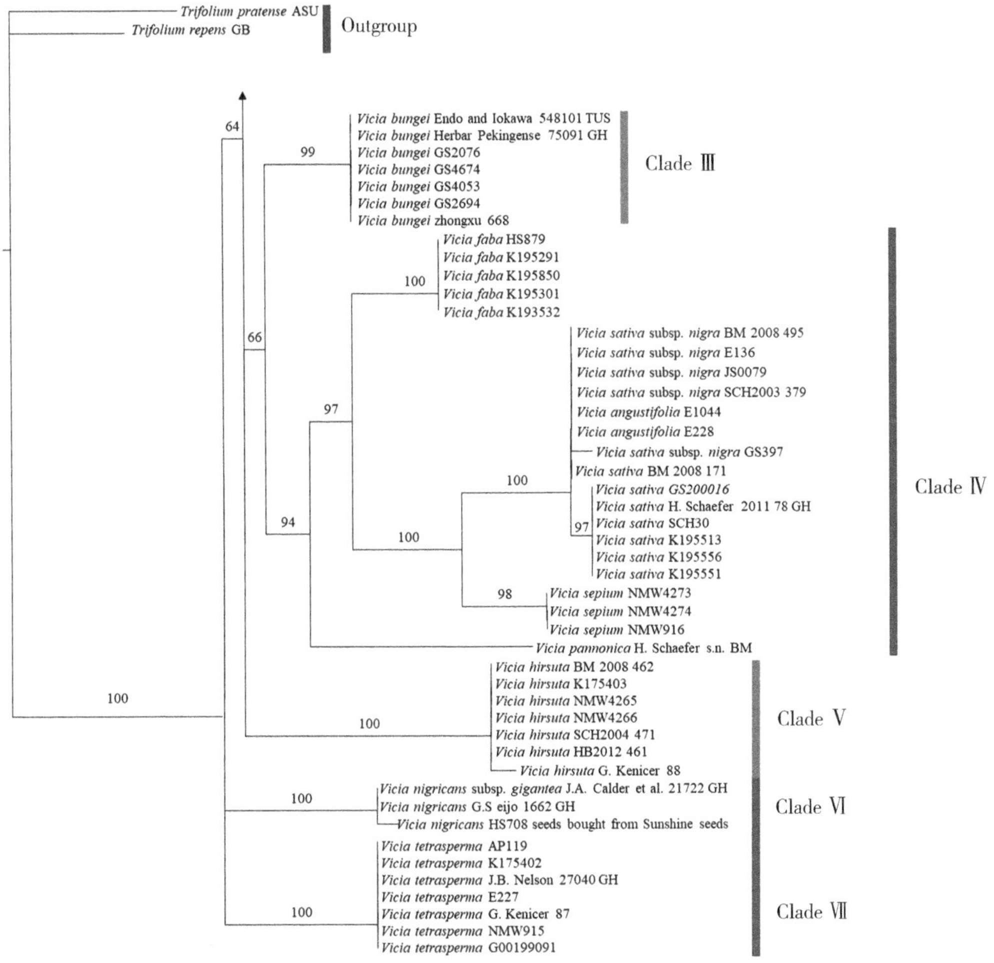

图 3-2　c. 基于 *mat*K 序列的中国野豌豆属物种 ML（Clade Ⅲ-Ⅶ）树

3.3.2.2　*rbc*L 基因

*rbc*L 序列共包括 22 种 4 变种的 132 个个体，以及两个外类群红三叶草和白三叶草。

建树结果显示 MP 树和 ML 树的拓扑结构相似。HKY+F+I 是 *rbc*L 的最优进化模型。MP 树的一致性指数 CI = 0.806，保持性指数 RI = 0.963。在 1273 个碱基中，包含 33 个变异位点、86 个简约信息位点。启发式搜索法共获得14 160棵等长（树长=160）简约树。

*rbc*L树（图3-3）共分为六个分枝。第一个分枝（MP_BS=63%；ML_BS=93%）为*Cracca*亚属的部分物种。包括有：山野豌豆，东方野豌豆，大叶野豌豆，西藏野豌豆，黑龙江野豌豆；多茎野豌豆，大叶野豌豆，新疆野豌豆，歪头菜。

第二个分枝（MP_BS=90%；ML_BS=97%）为大花野豌豆所有样品聚在一起形成的单系分枝。

第三个分枝（MP_BS=46%；ML_BS=98%）均为*Vicia*亚属的物种，包括有窄叶野豌豆，救荒野豌豆；野豌豆和蚕豆。褐毛野豌豆未和其他该亚属的物种聚为一枝，且没有支持率。

第四个分枝（MP_BS=94%；ML_BS=100%）为广布野豌豆，细叶野豌豆，大龙骨野豌豆；光叶苕子，长柔毛野豌豆形成的分枝。大野豌豆虽和其他物种形成姐妹枝，但没有支持率，MP树大野豌豆形成单系分枝，BS支持率为67%。

第五个分枝（MP_BS=81%；ML_BS=93%）为四籽野豌豆所有样品聚在一起形成的单系分枝。

第六个分枝（MP_BS=99%；ML_BS=100%）为小巢菜所有样品聚在一起形成的单系分枝。

3.3.2.3 *trn*H-*psb*A基因

*trn*H-*psb*A序列共包括17种3变种的86个个体，以及两个外类群红三叶草和白三叶草。

建树结果显示MP树和ML树的拓扑结构相似。TVM+F+G4是*trn*H-*psb*A的最优进化模型。MP树的一致性指数CI=0.818，保持性指数RI=0.948。在615个碱基中，包含28个变异位点，325个简约信息位点。启发式搜索法共获得14 175颗等长的（树长=593）简约树。

*trn*H-*psb*A树（图3-4）共分为六个分枝。第一个分枝（MP_BS=34%；ML_BS=35%）包括有*Cracca*亚属的部分物种。这一分枝又分为两个小的分枝：一个分枝（MP_BS=100%；ML_BS=100%）包括黑龙江野豌豆，东方野豌豆；另一个分枝（MP_BS=56%；ML_BS=47%）大花野豌豆，大叶野豌豆，歪头菜；广布野豌豆，细叶野豌豆；长柔毛野豌豆，光叶苕子。

第二个分枝（MP_BS=48%；ML_BS=56%）为*Vicia*亚属的物种，包括有窄叶野豌豆，救荒野豌豆；野豌豆；褐毛野豌豆；蚕豆。

ML树第三个分枝（ML_BS=73%）包括四籽野豌豆，新疆野豌豆和大

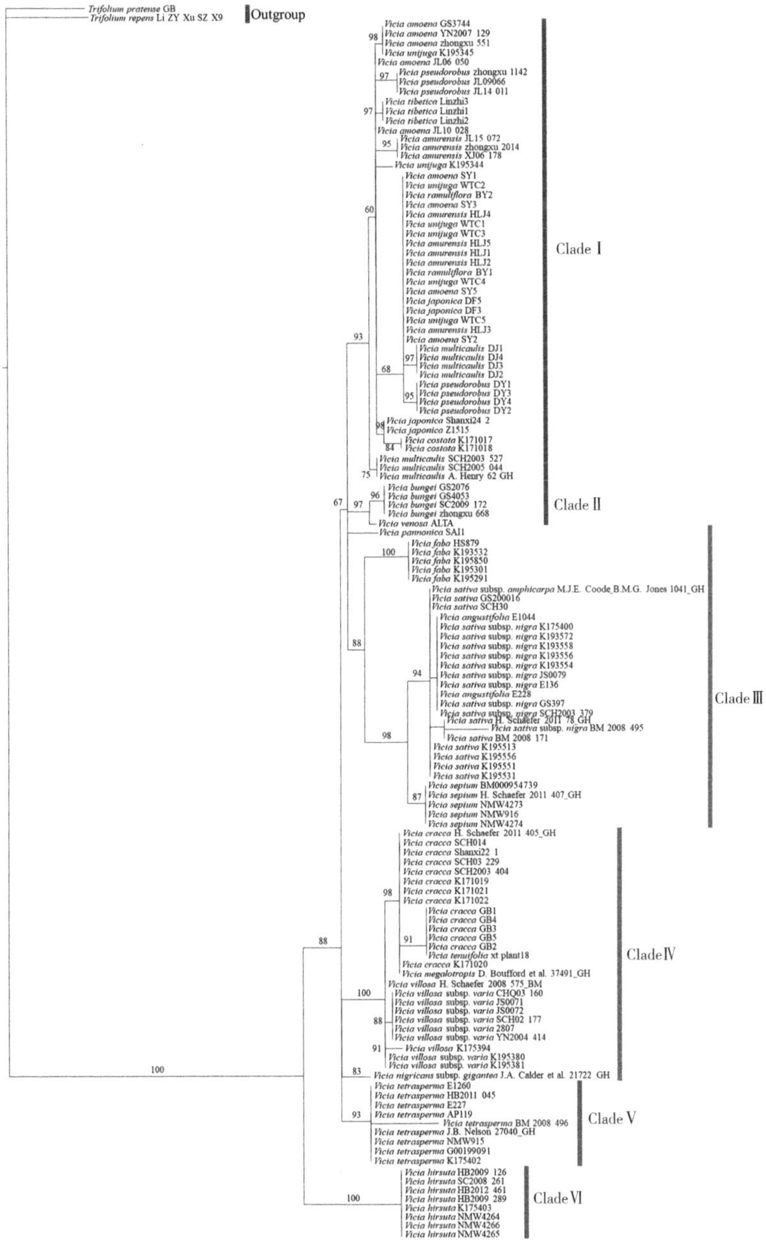

图 3-3　a. 基于 *rbc*L 基因的中国野豌豆属物种 ML 树

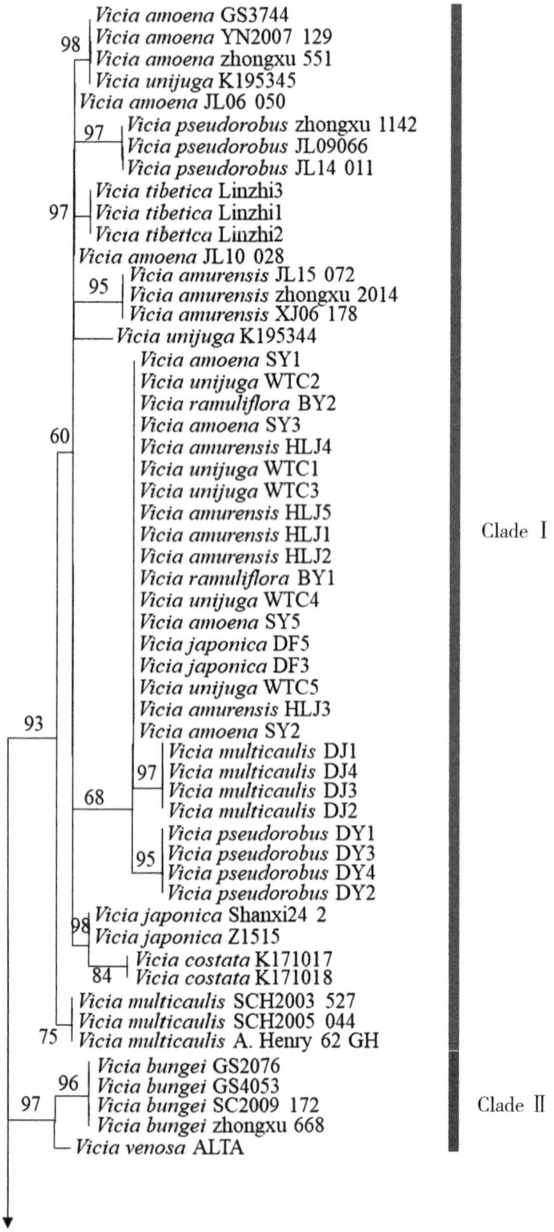

图 3-3　b. 基于 *rbc*L 基因的中国野豌豆属物种 ML（Clade Ⅰ-Ⅱ）

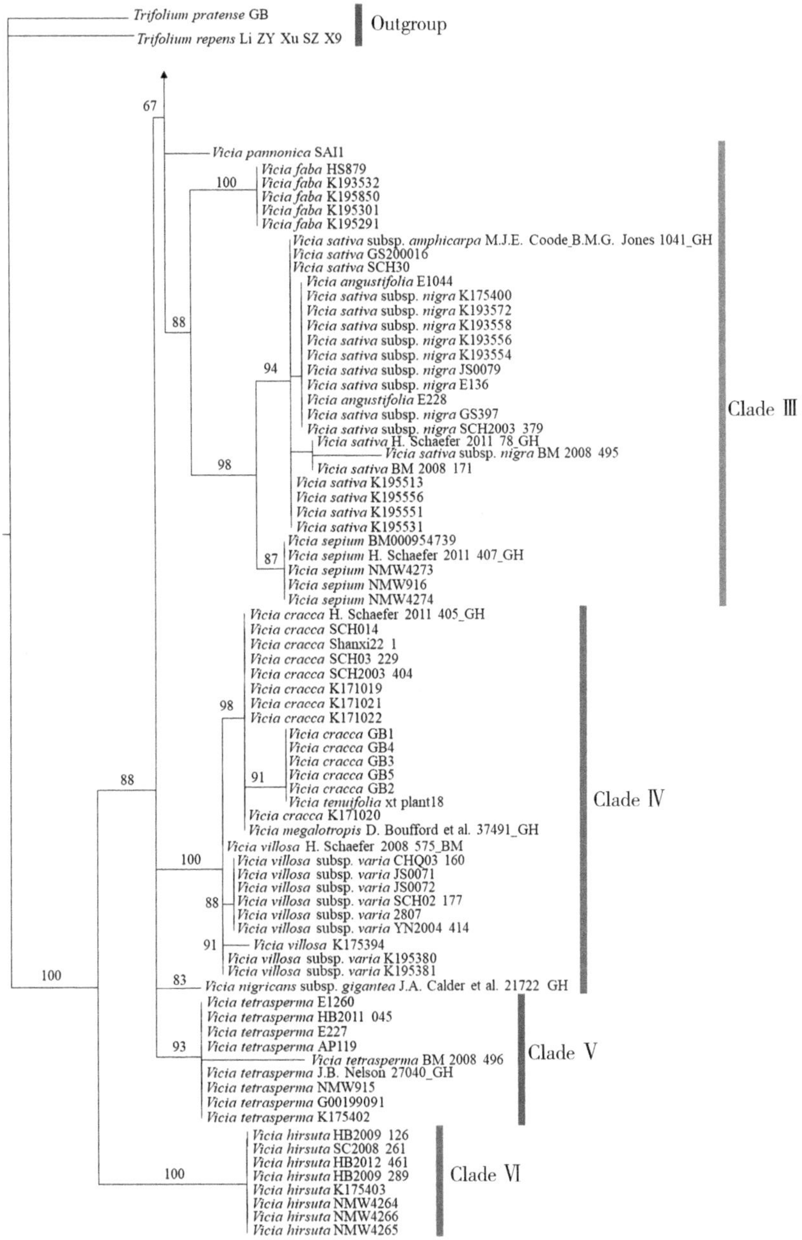

图 3-3　c. 基于 *rbc*L 基因的中国野豌豆属物种 ML（Clade Ⅲ-Ⅵ）树

叶野豌豆。其中新疆野豌豆（ML_BS=96%）样品聚在一起形成单系，大叶野豌豆（ML_BS=100%）样品也聚在一起形成单系，和四籽野豌豆形成姐妹枝。然而在 MP 树种，四籽野豌豆样品都聚在一起形成单系（MP_BS=100%）。新疆野豌豆、大叶野豌豆和西藏野豌豆聚为一枝（MP_BS=100%）。

第四个分枝（MP_BS=100%；ML_BS=100%）为大野豌豆聚在一起形成单系分枝。

第五个分枝（MP_BS=100%；ML_BS=98%）为小巢菜样品聚在一起形成的单系分枝。

第六个分枝（ML_BS=100%）为西藏野豌豆聚在一起形成的单系分枝。

3.3.3 基于多基因联合片段的系统发育分析

本研究的部分种及 GenBank 中下载的数据中仅有一套序列，排除这些种类后，利用两套（多套）序列同时构建分子系统树。当来自不同 DNA 片段所得到的系统发育树间不存在显著冲突（$P>0.01$）时，不同片段的数据将进一步合并进行系统发育分析。结果显示在包含有 *trn*H-*psb*A 联合片段的 ILD 检验结果 $P=0.01$，并不支持联合分析，但相应联合片段构建的系统发育树的拓扑结构并没有明显的冲突，另外，大枝的支持率在联合以后都有了相应的提高，这表明与 *trn*H-*psb*A 联合的片段之间的冲突并非硬性冲突，可进行联合分析。

3.3.3.1 核基因与叶绿体基因联合建树

（1）ITS+*mat*K

经 PAUP 不一致差异性检验得到 $P=0.22>0.01$，ITS 和 *mat*K 两片段之间不存在显著差异，可以进行联合分析。ITS+*mat*K 序列共包括 23 种 3 变种的 112 个个体，以及两个外类群红三叶草和白三叶草。

建树结果显示 MP 树和 ML 树的拓扑结构相似。TIM+F+G4 为 ITS+*mat*K 的最优进化模型。最大简约法分析生成的 MP 树的一致性指数 CI=0.791，保持性指数 RI=0.963。在 1376 个碱基中，包含 75 个变异位点、208 个有效信息位点。启发式搜索法共获得 9180 棵等长（树长=411）的简约树。

ITS+*mat*K 树（图 3-5）共分为五个分枝。第一个分枝包括 *Cracca* 亚属的部分物种，得到了较高的支持（MP_BS=89%；ML_BS=94%）。这一枝分为两枝，一枝包括山野豌豆（MP_BS=92%；ML_BS=100%）；黑龙江野豌豆；东方野豌豆；大叶野豌豆和歪头菜；北野豌豆；二色野豌豆，西藏野

图 3-4　基于 *trn*H-*psb*A 基因的中国野豌豆属物种 ML 树

豌豆，西南野豌豆；多茎野豌豆；新疆野豌豆。另一枝（MP_BS = 100%；

ML_BS=100%）包括广布野豌豆、大龙骨野豌豆、细叶野豌豆；长柔毛野豌豆。

第二个分枝包括 *Vicia* 亚属的物种以及大花野豌豆（MP_BS=82%；ML_BS=97%），大花野豌豆的所有样品聚成一个单系分枝，为 *Vicia* 亚属的物种的姐妹分枝。*Vicia* 亚属包括窄叶野豌豆、救荒野豌豆；野豌豆；蚕豆；褐毛野豌豆。

第三个分枝为大野豌豆聚成一个单系分枝（MP_BS=37%；ML_BS=66%）。

第四个分枝为四籽野豌豆所有样品聚成一个单系分枝（MP_BS=100%；ML_BS=100%）。

第五个分枝为小巢菜所有样品聚成一个单系分枝，同样得到最高的支持率（MP_BS=100%；ML_BS=100%）。

（2）ITS+*rbc*L

经PAUP不一致差异性检验得到 $P=0.02>0.01$，ITS 和 *rbc*L 两片段之间不存在显著差异，可以进行联合分析。ITS+*rbc*L 序列共包括 20 种 3 变种的 119 个个体，以及两个外类群红三叶草和白三叶草。

建树结果显示 MP 树和 ML 树的拓扑结构相似。TN+F+I 为 ITS+*rbc*L 数据的最优进化模型。最大简约法分析得到的 MP 树的一致性指数 CI=0.792，保持性指数 RI=0.957。在1963个碱基中，包含61个变异位点，202个简约信息位点。启发式搜索法共获得13 050棵等长的（树长=384）简约树。

ITS+*rbc*L 树（图 3-6）共分为五个分枝。第一个分枝包括 *Cracca* 亚属的部分物种（MP_BS=94%，ML_BS=100%），包括山野豌豆，新疆野豌豆；黑龙江野豌豆，北野豌豆，东方野豌豆，大叶野豌豆，歪头菜，西藏野豌豆；多茎野豌豆。

第二个分枝包括 *Vicia* 亚属的物种和大花野豌豆（MP_BS=68%；ML_BS=91%），大花野豌豆样品聚为一枝与 *Vicia* 亚属物种形成姐妹枝。*Vicia* 亚属物种包括窄叶野豌豆，救荒野豌豆；野豌豆；蚕豆；褐毛野豌豆。

第三个分枝（MP_BS=100%；ML_BS=100%）包括 *Cracca* 亚属的广布野豌豆，大龙骨野豌豆；光叶苕子和长柔毛野豌豆。

第四个分枝（ML_BS=100%）包括大野豌豆，四籽野豌豆；MP 树大野豌豆虽自成一枝但支持率低（MP_BS=37%），四籽野豌豆自成一枝（MP_BS=97%）。

第五个分枝（MP_BS=100%；ML_BS=100%）为小巢菜所有样品聚为

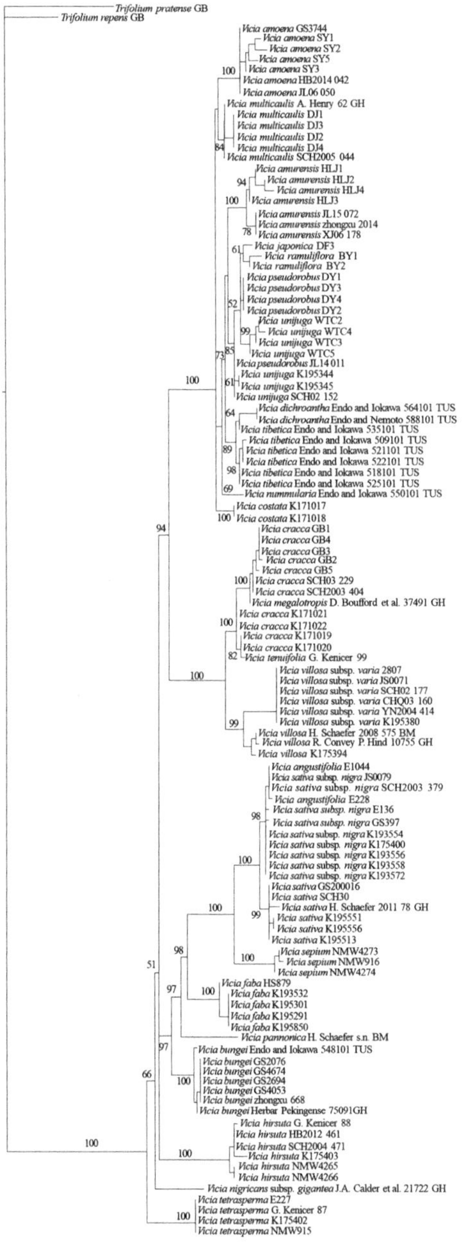

图 3-5　基于 ITS+*mat*K 联合基因的中国野豌豆属物种 ML 树

一枝形成单系。

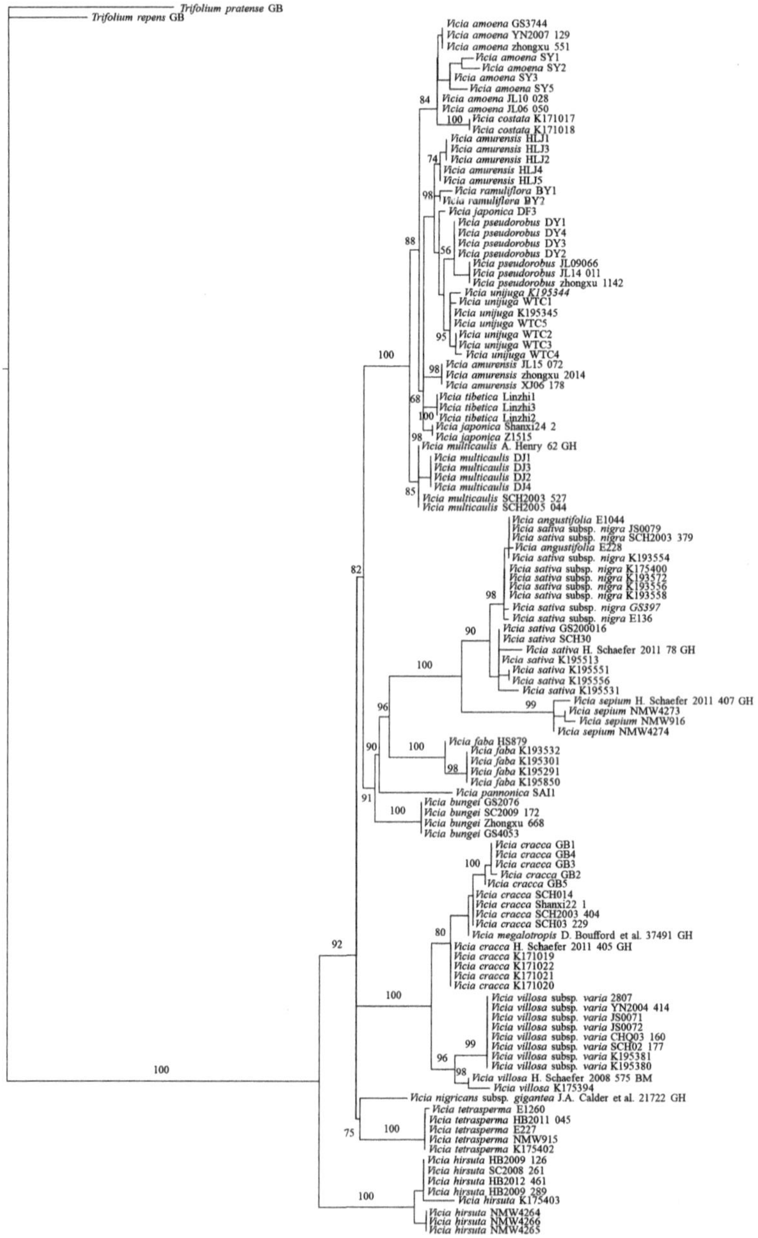

图 3-6 基于 ITS+*rbc*L 联合基因的中国野豌豆属物种 ML 树

（3）ITS+*trn*H-*psb*A

经 PAUP 不一致差异性检验得到 $P=0.01$。ITS+*trn*H-*psb*A 序列共包括 17 种 3 变种的 79 个个体，以及两个外类群红三叶草和白三叶草。

建树结果显示 MP 树和 ML 树的拓扑结构相似。TPM2u+F+G4 为 ITS+*trn*H-*psb*A 数据的最优进化模型。最大简约法分析生成的 MP 树的一致性指数 CI=0.810；保持性指数 RI=0.945。在 1305 个碱基中，包含 67 个变异位点和 425 个简约信息位点。启发式搜索法共获得 14 910 棵等长（树长=806）的简约树。

ITS+*trn*H-*psb*A 树（图 3-7）共分为五枝。第一个分枝（MP_BS=69%，ML_BS=89%）包括 *Cracca* 亚属的部分物种，这一枝又分为两枝：一枝包括黑龙江野豌豆，东方野豌豆；新疆野豌豆，大叶野豌豆，西藏野豌豆，歪头菜；大花野豌豆；另一枝包括广布野豌豆，细叶野豌豆；光叶苕子，长柔毛野豌豆。

第二个分枝（MP_BS=84%；ML_BS=93%）包括 *Vicia* 亚属的物种，即为窄叶野豌豆，救荒野豌豆；野豌豆；褐毛野豌豆；蚕豆。

第三个分枝（MP_BS=100%；ML_BS=100%）为四籽野豌豆所有样品聚在一起形成的单系分枝。

第四个分枝（MP_BS=100%；ML_BS=100%）为大野豌豆所有样品聚在一起形成的单系分枝。

第五个分枝（MP_BS=100%；ML_BS=100%）为小巢菜所有样品聚在一起形成的单系分枝。

（4）ITS+*mat*K+*rbc*L

经 PAUP 不一致差异性检验得到 $P=0.19>0.01$，ITS、*mat*K 和 *rbc*L 三片段之间不存在显著差异，可以进行联合分析。ITS+*mat*K+*rbc*L 序列共包括 18 种 3 变种的 91 个个体，以及两个外类群红三叶草和白三叶草。

建树结果显示 MP 树和 ML 树的拓扑结构相似。TN+F+I+G4 为 ITS+*mat*K+*rbc*L 数据的最优进化模型。最大简约法分析生成的 MP 树的一致性指数 CI=0.816；保持性指数 RI=0.962。在 2649 个碱基中，包含 98 个变异位点，276 个简约信息位点。启发式搜索法共获得 8160 棵等长（树长=517）的简约树。

ITS+*mat*K+*rbc*L 树（图 3-8）共分为四枝。第一个分枝（MP_BS=75%；ML_BS=72%）包括两个分枝，一个分枝（MP_BS=100%；ML_BS=100%）包括山野豌豆；黑龙江野豌豆；北野豌豆；大叶野豌豆；歪头菜；

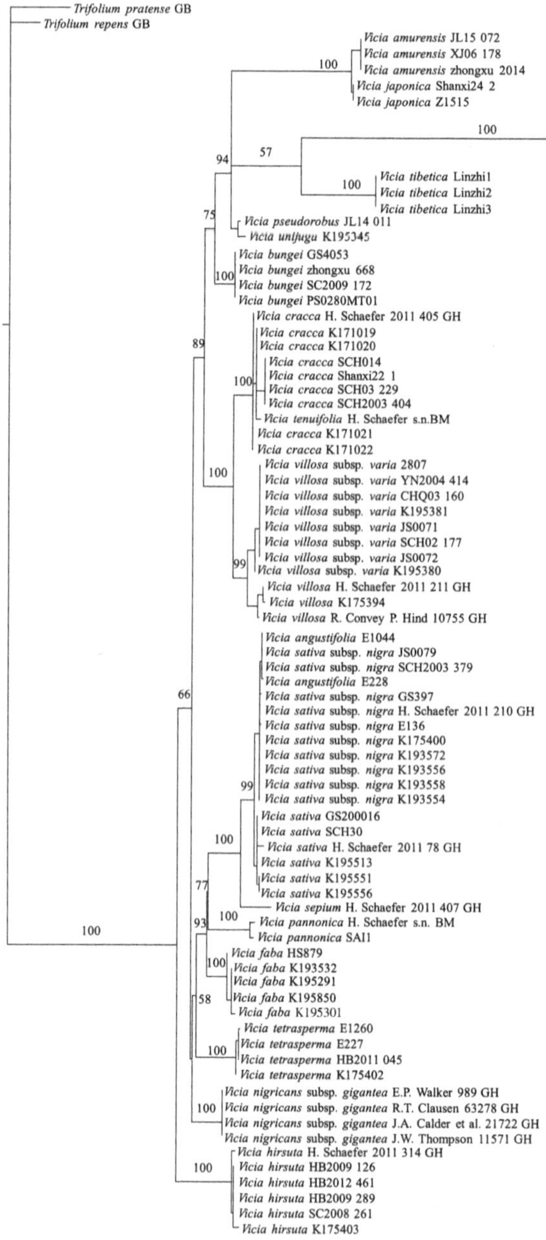

图 3-7 基于 ITS+*trn*H-*psb*A 联合基因的中国野豌豆属物种 ML 树

东方野豌豆；多茎野豌豆和新疆野豌豆。另一个分枝（MP_BS=100%；ML_BS=100%）包括广布野豌豆，大龙骨野豌豆；光叶苕子，长柔毛野豌豆。

第二个分枝（MP_BS=86%；ML_BS=98%）包括 *Vicia* 亚属的物种和大花野豌豆。大花野豌豆样品聚为一枝形成单系与 *Vicia* 亚属物种形成姐妹枝。*Vicia* 亚属物种包括窄叶野豌豆，救荒野豌豆；野豌豆；蚕豆。

ML 树第三个分枝（ML_BS=73%）包括大野豌豆和四籽野豌豆，其中四籽野豌豆样品聚在一起形成单系，与大野豌豆形成姐妹枝。而 MP 树大野豌豆（MP_BS=44%）和四籽野豌豆（MP_BS=100%）各自形成单系分枝。

第四个分枝为小巢菜所有样品聚在一起形成单系（MP_BS=100%；ML_BS=100%）。

（5）ITS+*mat*K+*trn*H-*psb*A

经 PAUP 不一致差异性检验得到 $P=0.01$。ITS+*mat*K+*trn*H-*psb*A 序列共包括 13 种 3 变种的 51 个个体，以及两个外类群红三叶草和白三叶草。

建树结果显示 MP 树和 ML 树的拓扑结构相似。K3Pu+F+G4 为 ITS+*mat*K+*trn*H-*psb*A 数据的最优进化模型。最大简约法分析生成的 MP 树的一致性指数 CI=0.841；保持性指数 RI=0.939。在 1991 个碱基中，包含 110 个变异位点和 425 个有效信息位点。启发式搜索法共获得 14 925 棵等长（树长=792）简约树。

ITS+*mat*K+*trn*H-*psb*A 树（图 3-9）共分为四枝。第一个分枝（MP_BS=59%；ML_BS=77%）包括 *Cracca* 亚属的部分物种，这一枝又分为两枝：一枝（MP_BS=93%；ML_BS=42%）包括黑龙江野豌豆，新疆野豌豆，大叶野豌豆，歪头菜，大花野豌豆；另一枝（MP_BS=100%；ML_BS=100%）包括广布野豌豆，光叶苕子，长柔毛野豌豆。

第二个分枝（MP_BS=95%；ML_BS=98%）包括 *Vicia* 亚属的物种，即为窄叶野豌豆，救荒野豌豆；蚕豆；褐毛野豌豆。

第三个分枝包括大野豌豆和四籽野豌豆，四籽野豌豆所有样品聚在一起形成单系（MP_BS=100%；ML_BS=100%），与大野豌豆形成姐妹枝。但这个分枝的支持率比较低（MP_BS=23%；ML_BS=41%）。

第四个分枝（MP_BS=100%；ML_BS=100%）为小巢菜所有样品聚在一起形成的单系。

（6）ITS+*rbc*L+*trn*H-*psb*A

经 PAUP 不一致差异性检验得到 $P=0.01$。ITS+*rbc*L+*trn*H-*psb*A 序列共

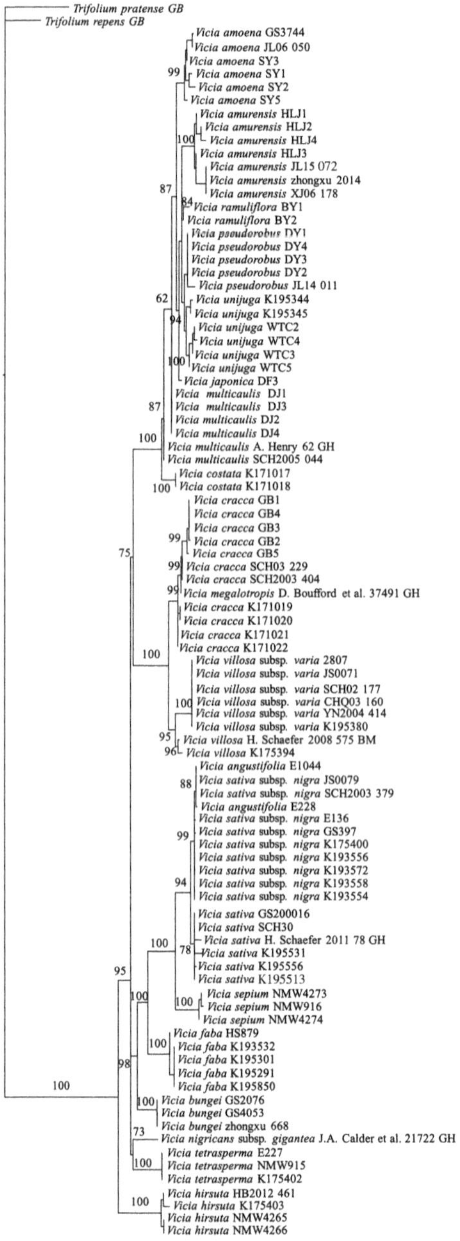

图 3-8 基于 ITS+*mat*K+*rbc*L 联合基因的中国野豌豆属物种的 ML 树

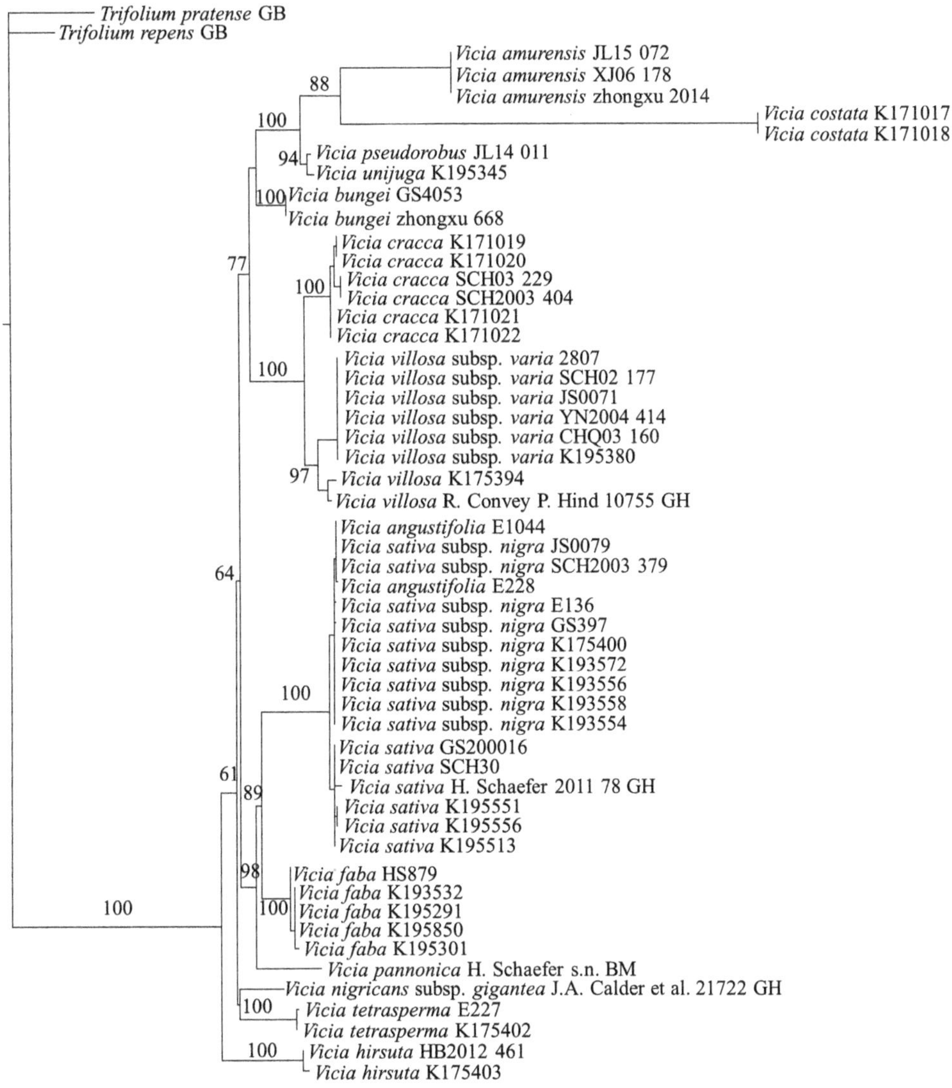

图 3-9 基于 ITS+*mat*K+*trn*H-*psb*A 联合基因的中国野豌豆属物种的 ML 树

包括 16 种 3 变种的 69 个个体，以及两个外类群红三叶草和白三叶草。

建树结果显示 MP 树和 ML 树的拓扑结构相似。TPM2u+F+G4 为 ITS+*rbc*L+*trn*H-*psb*A 数据的最优进化模型。最大简约法分析生成的 MP 树的一致性指数 CI=0.815，保持性指数 RI=0.943。在2578个碱基中，包含96个变异位点和497个简约信息位点。启发式搜索法共获得15 000棵等长（树长=931）的简约树。

ITS+*rbc*L+*trn*H-*psb*A 树（图 3-10）共可分为五个分枝。第一个分枝（MP_BS=70%；ML_BS=81%）包括 *Cracca* 亚属的几个物种，这一分枝又分为两个分枝：一个分枝包括黑龙江野豌豆，东方野豌豆；新疆野豌豆，大叶野豌豆，西藏野豌豆；歪头菜；大花野豌豆；另一个分枝包括广布野豌豆；光叶苕子和长柔毛野豌豆。

第二个分枝（MP_BS=87%；ML_BS=95%）包括 *Vicia* 亚属的物种，即为窄叶野豌豆，救荒野豌豆；野豌豆；蚕豆；褐毛野豌豆。

第三个分枝（MP_BS=100%；ML_BS=100%）为四籽野豌豆所有样品聚在一起形成的单系分枝。

第四个分枝（MP_BS=82%；ML_BS=46%）为大野豌豆所有样品聚在一起形成的单系分枝。

第五个分枝（MP_BS=100%；ML_BS=100%）为小巢菜所有样品聚在一起形成的单系分枝。

（7）ITS+*mat*K+*rbc*L+*trn*H-*psb*A

经 PAUP 不一致差异性检验得到 $P=0.01$。ITS+*mat*K+*rbc*L+*trn*H-*psb*A 序列共包括 12 种 3 变种的 49 个个体，以及两个外类群红三叶草和白三叶草。

建树结果显示 MP 树和 ML 树的拓扑结构相似。K3Pu+F+G4 为 ITS+*mat*K+*rbc*L+*trn*H-*psb*A 数据的最优进化模型。最大简约法分析生成的 MP 树的一致性指数 CI=0.852，保持性指数 RI=0.945。在3264个碱基中，包含129个变异位点和495个简约信息位点。启发式搜索法共获得14 760棵等长（树长=881）的简约树。

ITS+*mat*K+*rbc*L+*trn*H-*psb*A 树（图 3-11）共分为五个分枝。第一个分枝（MP_BS=59%；ML_BS=77%）包括 *Cracca* 亚属的部分物种。这个分枝又包括两个分枝，一个分枝（MP_BS=46%；ML_BS=69%）包括黑龙江野豌豆，新疆野豌豆，大叶野豌豆，歪头菜；大花野豌豆；另一个分枝（MP_BS=100%；ML_BS=100%）包括广布野豌豆；光叶苕子和长柔毛野豌豆。

第二个分枝（MP_BS=99%；ML_BS=100%）包括 *Vicia* 亚属的物种，即为窄叶野豌豆，救荒野豌豆；蚕豆。

第三个分枝（MP_BS=100%；ML_BS=100%）为四籽野豌豆所有样品

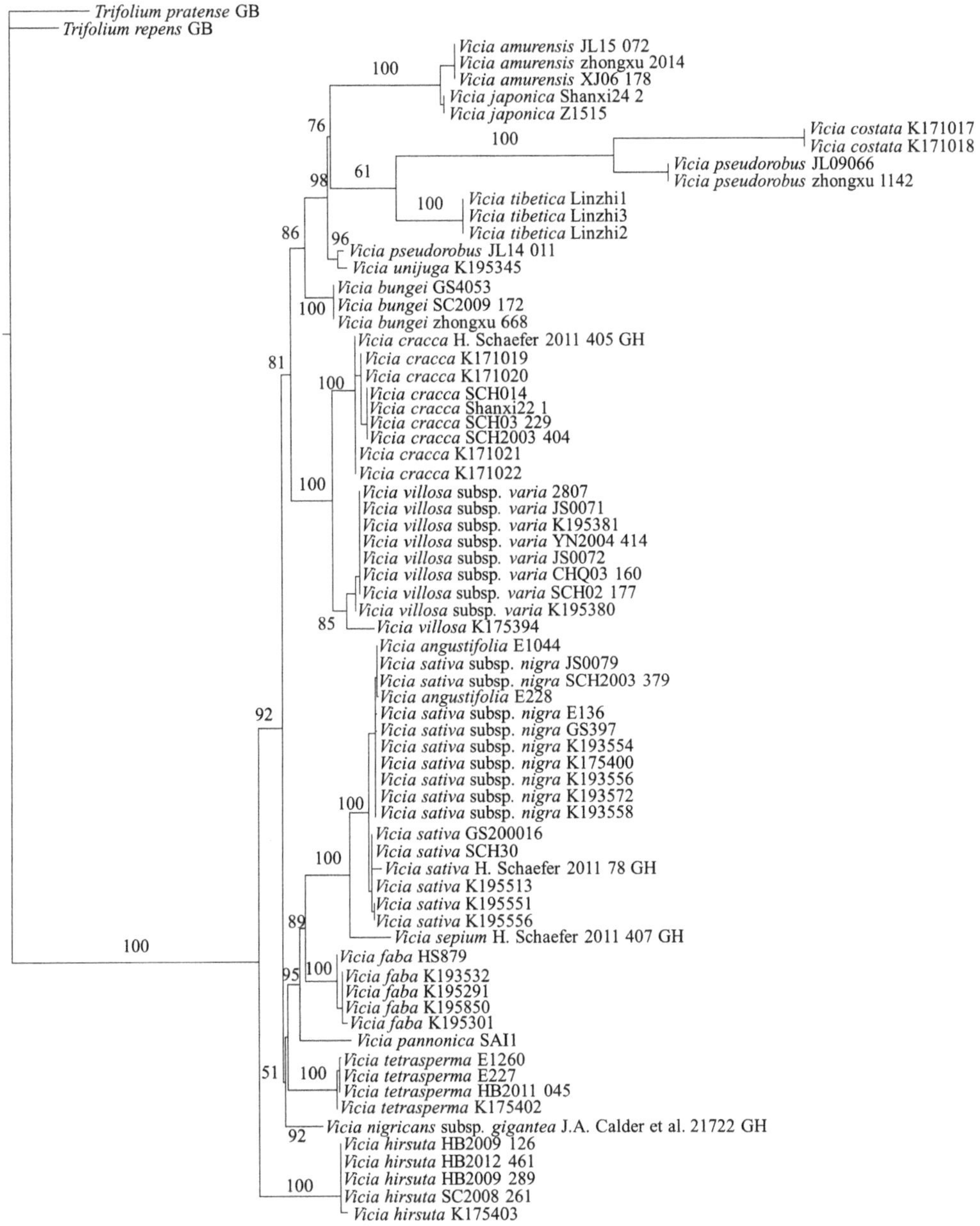

图 3-10　基于 ITS+*rbc*L+*trn*H-*psb*A 联合基因片段的中国野豌豆属物种的 ML 树

聚在一起形成的单系分枝。

第四个分枝（MP_BS=88%；ML_BS=41%）为大野豌豆。

第五个分枝（MP_BS=100%；ML_BS=100%）为小巢菜所有样品聚在一起形成的单系分枝。

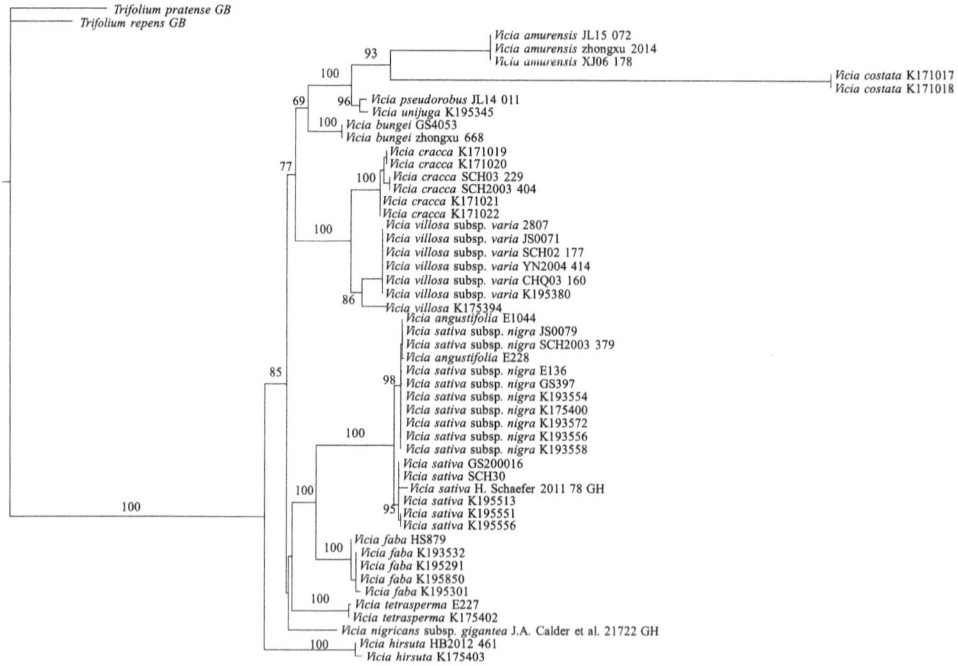

图 3-11 基于 ITS+*mat*K+*rbc*L+*trn*H-*psb*A 联合基因的中国野豌豆属物种的 ML 树

3.3.3.2 叶绿体基因联合建树

（1）*mat*K+*rbc*L

经 PAUP 不一致差异性检验得到 $P=0.61>0.01$，*mat*K 和 *rbc*L 两片段之间不存在显著性差异，可以进行联合分析。*mat*K+*rbc*L 序列共包括 19 种 3 变种的 98 个个体，以及两个外类群红三叶草和白三叶草。

建树结果显示 MP 树和 ML 树的拓扑结构相似。TVM+F+I+G4 为 *mat*K+*rbc*L 数据的最优进化模型。最大简约法分析生成的 MP 的一致性指数 CI=0.804，保持性指数 RI=0.967。在 1959 个碱基中，包含 55 个变异位点和 175 个有效信息位点。启发式搜索法共获得 13 245 棵等长（树长=312）的简约树。

*mat*K+*rbc*L 树（图 3-12）共分为四个分枝。第一个分枝（MP_BS=45%；ML_BS=68%）包括 *Cracca* 亚属的部分物种，这一分枝共有两个小分枝。一个分枝（MP_BS=100%；ML_BS=100%）包括山野豌豆，多茎野豌豆；东方野豌豆，大叶野豌豆，北野豌豆，歪头菜；黑龙江野豌豆；多茎野豌豆；新疆野豌豆。另一个分枝（MP_BS=100%；ML_BS=100%）包括广布野豌豆，大龙骨野豌豆，细叶野豌豆；光叶苕子和长柔毛野豌豆。

第二个分枝（MP_BS=53%；ML_BS=89%）包括 *Vicia* 亚属的物种和大花野豌豆。大花野豌豆所有样品聚在一起形成单系（MP_BS=100%；ML_BS=100%），另一个分枝（MP_BS=96%；ML_BS=100%）为 *Vicia* 亚属的物种，即为窄叶野豌豆，救荒野豌豆；野豌豆；蚕豆。

第三个分枝（MP_BS=23%；ML_BS=77%）包括大野豌豆和四籽野豌豆所有样品形成的单系（MP_BS=100%；ML_BS=100%）。

第四个分枝（MP_BS=100%；ML_BS=100%）为小巢菜所有样品聚在一起形成的单系分枝。

（2）*mat*K+*trn*H-*psb*A

经 PAUP 不一致差异性检验得到 $P=0.01$。*mat*K+*trn*H-*psb*A 序列共包括 13 种 3 变种的 53 个个体，以及两个外类群红三叶草和白三叶草。

建树结果显示 MP 树和 ML 树的拓扑结构相似。TVM+F+G4 为 *mat*K+*trn*H-*psb*A 数据的最优进化模型。最大简约法分析生成的 MP 树的一致性指数 CI=0.833，保持性指数 RI=0.939。在 1301 个碱基中，包含 68 个变异位点，337 个简约信息位点。启发式搜索法共获得 629 棵等长（树长=611）的简约树。

*mat*K+*trn*H-*psb*A 树（图 3-13）共分为五个分枝。第一个分枝（MP_BS=62%；ML_BS=91%）包括 *Cracca* 亚属的部分物种，这一枝又分为两个小分枝。一个分枝（MP_BS=36%；ML_BS=66%）包括黑龙江野豌豆，新疆野豌豆；大叶野豌豆，歪头菜；大花野豌豆。另一个分枝（MP_BS=100%；ML_BS=100%）包括广布野豌豆；光叶苕子和长柔毛野豌豆。

第二个分枝（MP_BS=86%；ML_BS=94%）为 *Vicia* 亚属的物种，即窄叶野豌豆，救荒野豌豆，蚕豆和褐毛野豌豆。

第三个分枝（MP_BS=100%；ML_BS=100%）为四籽野豌豆所有样品聚在一起形成的单系分枝。

第四个分枝（MP_BS=57%；ML_BS=50%）为大野豌豆形成的单系分枝。

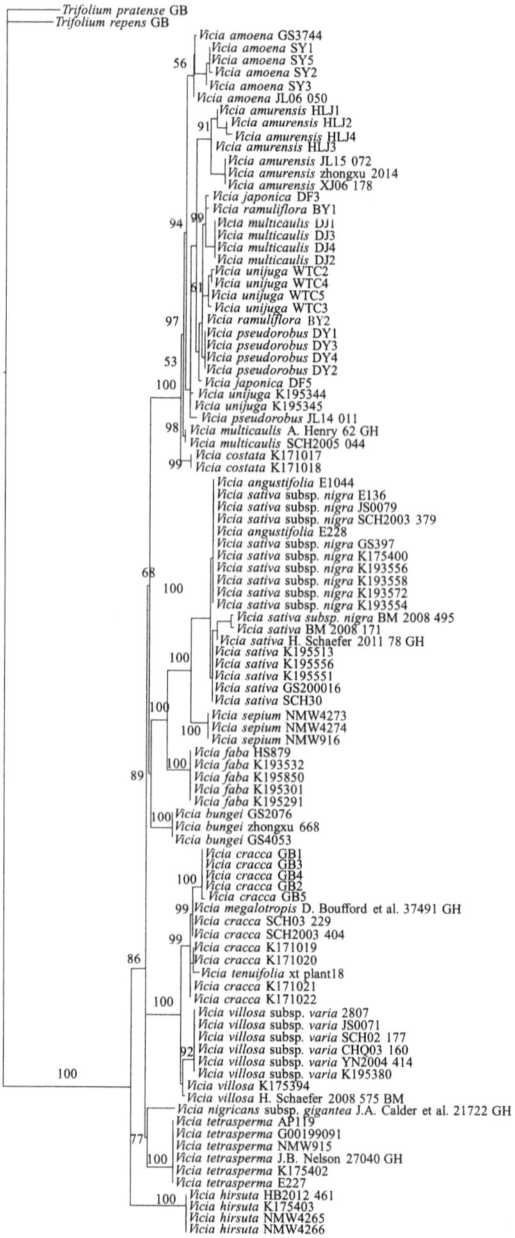

图 3-12 基于 *mat*K+*rbc*L 联合基因的中国野豌豆属的 ML 树

第五个分枝（MP_BS = 100%；ML_BS = 100%）为小巢菜所有样品聚在一起形成的单系分枝。

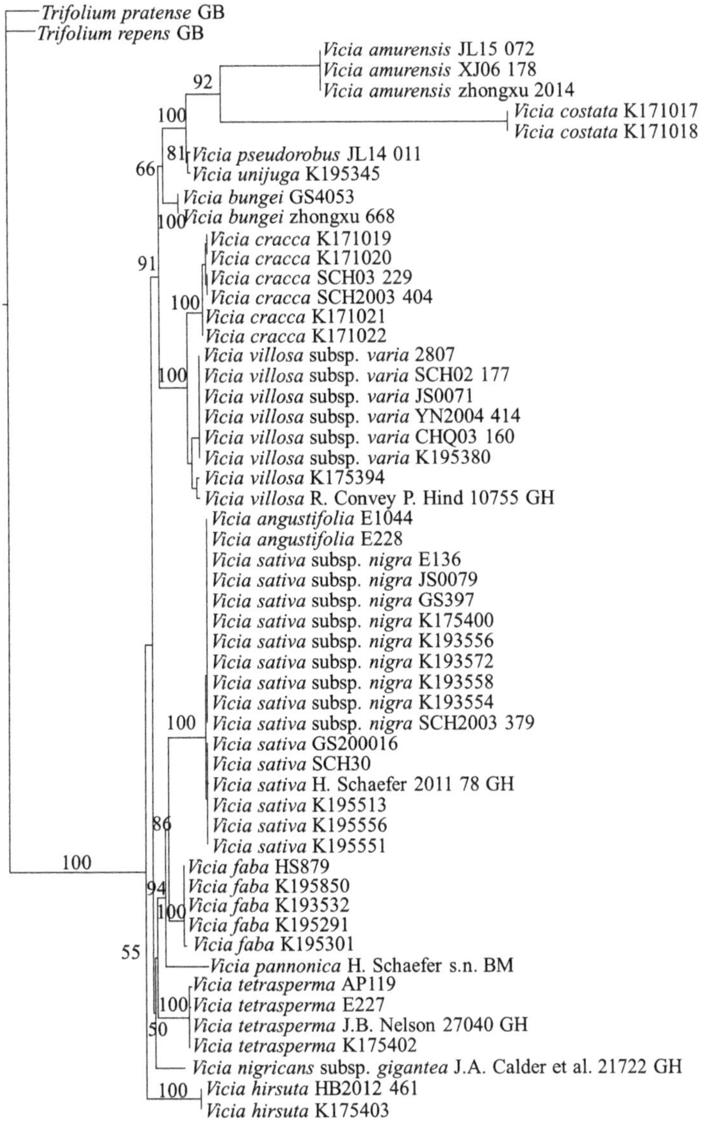

图 3-13　基于 *mat*K+*trn*H-*psb*A 联合基因的中国野豌豆属的 ML 树

(3) *rbc*L+*trn*H-*psb*A

经 PAUP 不一致差异性检验得到 $P=0.01$。*rbc*L+*trn*H-*psb*A 序列共包括 16 种 3 变种的 72 个个体，以及两个外类群红三叶草和白三叶草。

建树结果显示 MP 树和 ML 树的拓扑结构相似。K3Pu+F+G4 为 *rbc*L+*trn*H-*psb*A 数据的最优进化模型。最大简约法分析生成的 MP 树的一致性指数 CI=0.812，保持性指数 RI=0.943。在 1888 个碱基中，包含 50 个变异位点和 403 个简约信息位点。启发式搜索法共获得 12 135 棵等长（树长=725）的简约树。

*rbc*L+*trn*H-*psb*A 树（图 3-14）共分为五个分枝。第一个分枝（MP_BS=36%；ML_BS=87%）包括 *Cracca* 亚属的部分物种，这一分枝又分为两个小的分枝。一个分枝（MP_BS=39%；ML_BS=88%）包括黑龙江野豌豆，东方野豌豆；新疆野豌豆，大叶野豌豆；西藏野豌豆；大花野豌豆；歪头菜。另一个分枝（MP_BS=100%，ML_BS=100%）包括广布野豌豆；光叶苕子和长柔毛野豌豆。

第二个分枝（MP_BS=63%；ML_BS=87%）包括 *Vicia* 亚属的物种，即为窄叶野豌豆，救荒野豌豆；野豌豆；蚕豆；褐毛野豌豆。

第三个分枝（MP_BS=100%；ML_BS=100%）为四籽野豌豆所有样品聚在一起形成的单系分枝。

第四个分枝（MP_BS=58%；ML_BS=54%）为大野豌豆形成的单系分枝。

第五个分枝（MP_BS=100%；ML_BS=100%）为小巢菜所有样品聚在一起形成的单系分枝。

(4) *mat*K+*rbc*L+*trn*H-*psb*A

经 PAUP 不一致差异性检验得到 $P=0.01$。*mat*K+*rbc*L+*trn*H-*psb*A 序列共包括 12 种 3 变种的 51 个个体，以及两个外类群红三叶草和白三叶草。

建树结果显示 MP 树和 ML 树的拓扑结构相似。K3Pu+F+G4 为 *mat*K+*rbc*L+*trn*H-*psb*A 数据的最优进化模型。最大简约法分析生成的 MP 树的一致性指数 CI=0.844，保持性指数 RI=0.945。在 2574 个碱基中，包含 85 个变异位点和 411 个简约信息位点。启发式搜索法共获得 13 367 棵等长（树长=707）的简约树。

*mat*K+*rbc*L+*trn*H-*psb*A 树（图 3-15）共分为五个分枝。第一个分枝（MP_BS=74%；ML_BS=89%）包括 *Cracca* 亚属的部分物种，这一分枝又分为两个小的分枝。一个分枝（MP_BS=66%；ML_BS=90%）包括黑龙江

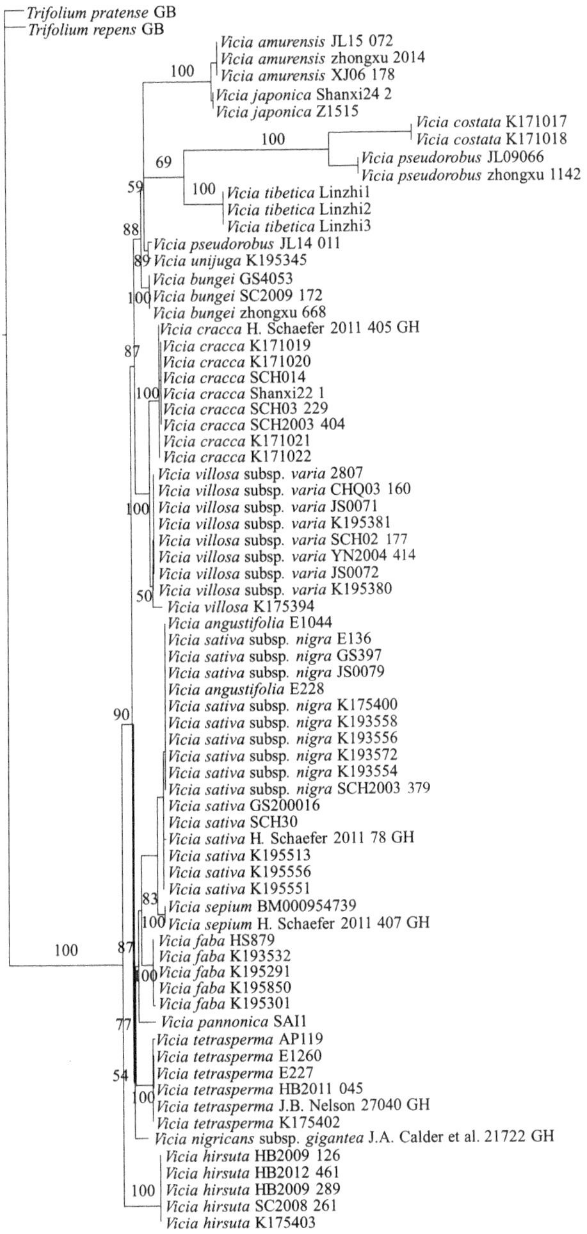

图 3-14　基于 *rbc*L+*trn*H-*psb*A 联合基因的中国野豌豆属物种的 ML 树

野豌豆，新疆野豌豆，大叶野豌豆，歪头菜；大花野豌豆。另一个分枝（MP_BS=100%；ML_BS=100%）包括广布野豌豆；光叶苕子和长柔毛野豌豆。

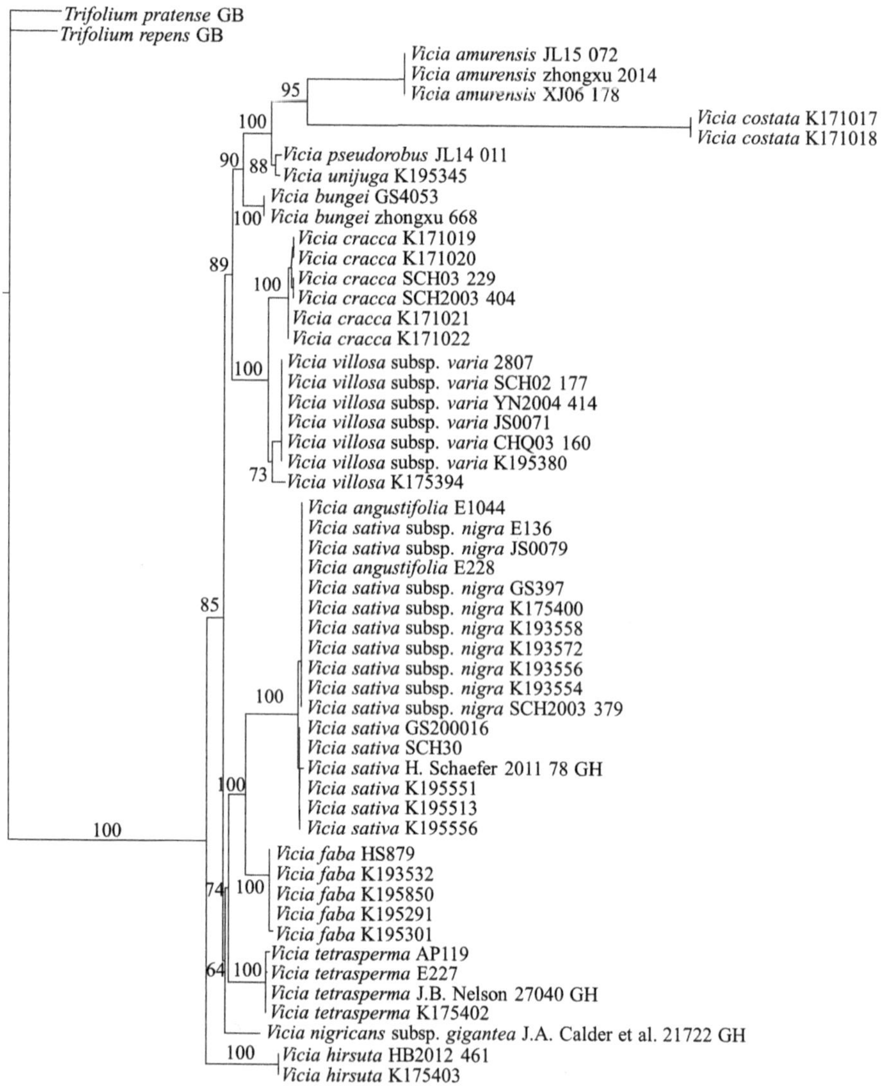

图 3-15 基于 *mat*K+*rbc*L+*trn*H-*psb*A 联合基因的中国野豌豆属物种的 ML 树

第二个分枝（MP_BS=97%；ML_BS=100%）均为 *Vicia* 亚属物种，包

括窄叶野豌豆，救荒野豌豆；蚕豆。

第三个分枝（MP_BS = 100%；ML_BS = 100%）为四籽野豌豆所有样品聚在一起形成的单系分枝。

第四个分枝（MP_BS = 92%；ML_BS = 64%）为大野豌豆形成的单系分枝。

第五个分枝（MP_BS = 100%；ML_BS = 100%）为小巢菜所有样品聚在一起形成的单系分枝

3.4　讨论

本研究根据单基因片段（ITS、*mat*K、*rbc*L 和 *trn*H-*psb*A）系统发育树和联合基因片段构建的野豌豆属种间系统进化关系树，可将根据形态学划分的两大亚属：*Cracca* 亚属和 *Vicia* 亚属[4,11,188]明确的划分开，但是不能将根据形态划分的各个组完全明确的划分开。据《中国植物志》记载将中国分布的 43 个野豌豆属物种分为七个组，夏振岱[3]将四籽野豌豆组和硬毛果野豌豆合并为一个组，将中国分布野豌豆属物种分为 6 个组。本研究根据《中国植物志》中划分的两个亚属中的七个组对中国分布野豌豆属物种间分子系统关系进行讨论。

3.4.1　*Vicia* 亚属

据《中国植物志》记载中国分布的野豌豆属物种属于 *Vicia* 亚属的有：野豌豆组（Sect. *Vicia*）和蚕豆组［Sect. *Faba*（Mill.）Ledeb.］。

3.4.1.1　野豌豆组

野豌豆组中包括有窄叶野豌豆，救荒野豌豆，褐毛野豌豆和野豌豆四个种。

救荒野豌豆复合种（*V. sativa* complex）是一个包含 7 个亚种的复合种[215-217]，包括有野生型（wild types），栽培种（cultivated derivatives）以及杂草型（weedy races），分别为：*V. sativa* subsp. *sativa*，*V. sativa* subsp. *macrocarpa*，*V. sativa* subsp. *nigra*，*V. sativa* subsp. *cordata*，*V. sativa* subsp. *incisa*，*V. sativa* subsp. *amphicarpa* 和 *V. sativa* subsp. *pilosa*。该复合种在 Kupicha[4]、Hanelt 和 Mettin[11]和 Maxted[188]的分类系统中均被划分在 *Vicia* 亚属的 *Vicia* 组中。正是由于多变的形态特征、核型以及广泛的分布，该复合种中各分类

单元的分类等级和位置一直处在广泛持续的讨论之中[217]。其中在中国分布的有救荒野豌豆和窄叶野豌豆。《中国植物志》将窄叶野豌豆划归为一个独立的种。夏振岱[3]、贺蓉和贺士元[5]在讨论野豌豆属种间关系时也将窄叶野豌豆当做一个独立的种。Diklic[218]，Hanelt 和 Mettin[11]，Soó[219]的研究也认为应将窄叶野豌豆划分为一个独立的种。然而，本研究单基因片段及多基因片段数据分析均支持将窄叶野豌豆作为救荒野豌豆的一个亚种，Van 等[189]通过形态特征以及 AFLP 分子标记[220]得出了相似的结果。Leht[221]对 67 个野豌豆属物种的 91 个形态特征的分析将孩窄叶野豌豆划归为救荒野豌豆的一个变种并与 *V. sativa* subsp. *nigra*（L.）合并，Khalik 和 Algohary[36]基于种子形态及种子蛋白的研究也支持这一分类。救荒野豌豆和窄叶野豌豆一直被划归在野豌豆组（Sect. *Vicia*）中，相对其他种比较稳定，本研究结果也支持这一点。

褐毛野豌豆在 Kupicha[4]和 Maxted[188]的分类系统中均被划分在 *Vicia* 亚属的 Hypechusa 组中。该种原产欧洲，我国为引种栽培，在海拔 1350m 河北沽源种牛场生长良好。《中国植物志》将褐毛野豌豆划归为野豌豆组（Sect. *Vicia*），Douglas 和 Maxted [222]将褐毛野豌豆划归在 *Vicia* 亚属 *Hypechusa* 组中，且该种在野豌豆属属下分子系统关系中的位置仍存在有争议[223,224]。本研究中，基于 *rbc*L 片段的分子系统关系中，褐毛野豌豆没有与 *Vicia* 亚属的其他几个物种聚为一起，与 Shiran[33]的研究中将该物种划归在 *Cracca* 亚属的 *Cracca* 组中的结果相似。另外，本研究中基于其他片段的分子系统关系支持将褐毛野豌豆划归在 *Vicia* 亚属中。

野豌豆在 Kupicha[4]和 Maxted[188]的分类系统中，均被划归在 *Vicia* 亚属的 *Atossa*（= *Sepium*）组中。不同学者通过形态特征[31,221]、同工酶[31,225]、核型分析[35,226]对野豌豆的分类等级和系统位置进行了探讨，结论相对一致，野豌豆的分类等级和位置一直比较稳定。本研究结果显示野豌豆属于 Vicia 亚属，且与其他几个物种形成姐妹枝，但由于中国没有 *Atossa* 组其他物种分布，故而对于野豌豆归属组无法做出进一步判定。

3.4.1.2 蚕豆组

蚕豆组中只有蚕豆一个物种。在野豌豆属分类系统中，蚕豆的分类地位一直备受争议[4,30,31,188,221,225,227]。蚕豆在 Kupicha[4]的分类系统中与 *V. narbaonenesis*、*V. galilaea*、*V. hyaeniscyamus*、*V. johannis* 和 *V. bithynica* 一起划归在 *Faba* 组中，而在 Maxted[188]分类系统中蚕豆单独成组，为 *Faba* 组。

《中国植物志》将蚕豆单独划分为蚕豆组（*Sect. faba*），Leht[221]通过对67个野豌豆属物种的91个形态特征的分析将蚕豆从*Faba*组中移到*Narbonensis*组中。历史中，Miller（1754）曾将蚕豆从野豌豆属物种单独划分出来，归为蚕豆属[31]。贺蓉和贺士元[5]将蚕豆单独划分为野豌豆属的一个亚属（Subgen. *faba*）。本研究中基于所有基因片段的系统发育关系支持蚕豆为野豌豆属*Vicia*亚属中的一个物种，但能与*Vicia*亚属的其他几个种区分开来，单独成组。

综上，中国分布野豌豆属中野豌豆组和蚕豆组的分子系统关系比较明确。

3.4.2 *Cracca*（=*Vicilla*）亚属

据《中国植物志》记载中国分布的野豌豆属物种属于*Cracca*亚属的有五个组：大叶野豌豆组（Sect. *Cassubicae* Radzhi），细叶野豌豆组（Sect. *Cracca* S. F. Gray），四籽野豌豆组（Sect. *Ervum*（Linn.）S. F. Gray），硬毛果野豌豆组［Sect. *Lenticula*（Endl.）Aschers. et Graebn.］和歪头菜组（Sect. *Oroboidea* Stankev.）。

3.4.2.1 大叶野豌豆组

大叶野豌豆组的物种包括有：山野豌豆、黑龙江野豌豆、华野豌豆、新疆野豌豆、二色野豌豆、大野豌豆、东方野豌豆、确山野豌豆、宽苞野豌豆、多茎野豌豆、西南野豌豆、精致野豌豆、大叶野豌豆、太白野豌豆、三尖野豌豆、西藏野豌豆和武山野豌豆。

山野豌豆在Kupicha[4]分类系统中被划归在*Vicilla*（=*Oroboidea*）组中。然而《中国植物志》和夏振岱[3]均将山野豌豆划分在大叶野豌豆组（Sect. *Cassubicae*）中，Jaaska[228]通过分析*Cracca*亚属物种的同工酶多样性表明应将山野豌豆移至大叶野豌豆组中。Leht[221,229]通过对*Cracca*亚属物种形态特征的分析研究也支持将山野豌豆由Sect. *Vicilla*移至Sect. *Cassubicae*中。另外，Abozeid等[230]认为山野豌豆跟*Cracca*组中的物种关系更为亲近。在本研究中基于单基因以及联合基因的ML树中，山野豌豆与*Vicilla*组中的大叶野豌豆、歪头菜等聚为一枝，支持将山野豌豆划分在*Vicilla*组中。贺荣和贺士元[5]通过对22种华北地区野豌豆属物种51种形态特征的系统研究，也将山野豌豆划分在*Vicilla*组中，Endo和Ohashi[231]和Choi等[32]对野豌豆属物种花器官形态的研究也支持这一分类。另外，绢毛山野豌豆为山野豌豆的变种[105]，本研究结果也支持这一分类。

黑龙江野豌豆在 Kupicha[4]、贺蓉和贺士元[5]、Leht[221,229]的分类系统中均被划归在 *Vicilla* 组中。然而夏振岱[3]和 Nikiforova[9]基于形态学特征将黑龙江野豌豆移至 *Cassubicae* 组中，Endo 和 Ohashi[231]基于花器官形态特征，将该种与二色野豌豆、西南野豌豆和西藏野豌豆一起形成新组，命名为 Sect. *Amurense* Y. ENDO & H. OHASHI。本研究结果显示，黑龙江野豌豆基本与 *Vicilla* 组中的山野豌豆、大叶野豌豆、歪头菜等物种聚为一枝，支持将黑龙江野豌豆与山野豌豆一起划归在 *Vicilla* 组中。

华野豌豆在夏振岱[3]分类系统中被划归在大叶野豌豆组（Sect. *Cassubicae*）中，本研究结果显示华野豌豆与大龙骨野豌豆聚为一枝（ITS），支持将其与大龙骨野豌豆划归至同一组中。

新疆野豌豆在 Kupicha[4]分类系统中被划归在 *Cracca* 组中，Leht[229]通过对形态特征的分析支持这一分类结果。然而贺蓉和贺士元[5]通过对华北地区野豌豆属 20 个种的 51 个性状分析将新疆野豌豆划归在 *Cassubicae* 组中，夏振岱[3]也支持这一分类结果。本研究结果显示新疆野豌豆与黑龙江野豌豆（*mat*K），大叶野豌豆（*rbc*L），歪头菜（*rbc*L）等物种聚为一枝，支持将新疆野豌豆与以上几个物种划归至一个组中。

二色野豌豆在 Kupicha[4]分类系统中被划归在 *Vicilla* 组中。夏振岱[3]将其划归在大叶野豌豆组（Sect. *Cassubicae*）中。在 Endo 和 Ohashi[231]分类系统中，基于花器官形态特征，与黑龙江野豌豆、西南野豌豆和西藏野豌豆一起形成新组，命名为 *Section Amurense* Y. ENDO & H. OHASHI。本研究中，二色野豌豆与西南野豌豆、西藏野豌豆亲缘关系较近，基本聚成一枝，支持将此三种划归为一组。

大野豌豆在 Kupicha[4]分类系统中被划定为 *V. nigricans* 的一个亚种（*V. nigricans* ssp. *gigantea*），并被划归在 *Cassubicae* 组中，夏振岱[3]对中国野豌豆属的分类研究也支持这一分类结果。大野豌豆在贺蓉和贺士元[5]，以及 Endo 和 Ohashi[231]分类系统中均被划归在 *Vicilla* 组中。本研究结果显示大野豌豆自成一枝，有时与四籽野豌豆聚为一枝但支持率较低，所以该种在属内的分类位置还需进一步讨论。

东方野豌豆在 Kupicha[4]、贺蓉和贺士元[5]，以及 Endo 和 Ohashi[231]的分类系统中均被划归在 *Vicilla* 组中。而夏振岱[3]将其划归至大叶野豌豆组中。本研究结果显示东方野豌豆与大野豌豆、歪头菜、黑龙江野豌豆等物种聚为一枝，故支持将东方野豌豆与以上物种划归至一个组中。

确山野豌豆在贺蓉和贺士元[5]分类系统中，基于花器官形态特征被划归在 *Vicilla* 组中。夏振岱[3]则将确山野豌豆划归在大叶野豌豆组（Sect. *Cassubicae*）中。本研究结果显示确山野豌豆与宽苞野豌豆、西南野豌豆聚为一枝（ITS），故支持确山野豌豆与以上几个物种划归至一个组中。

宽苞野豌豆在 Kupicha[4,232]的分类系统中被划归在 *Vicilla* 组中。夏振岱[3]将其划归在大叶野豌豆组中。本研究结果支持其和确山野豌豆分至一个组中。

多茎野豌豆在 Kupicha[4]分类系统中被划归在 *Cassubicae* 组中，贺蓉和贺士元[5]，以及夏振岱[3]通过对野豌豆属物种形态特征的分析也支持这一分类结果。本研究结果显示多茎野豌豆与黑龙江野豌豆、大叶野豌豆、新疆野豌豆聚为一枝，故支持以上物种分至一个组中。

西南野豌豆在 Endo 和 Ohashi[231]分类系统中，基于花器官形态特征，与黑龙江野豌豆、二色野豌豆和西藏野豌豆一起形成新组（Sect. *Amurense* Y. ENDO & H. OHASHI）。夏振岱[3]将其划归在大叶野豌豆组（Sect. *Cassubicae*）中。本研究结果也支持西南野豌豆与二色野豌豆和西藏野豌豆形成一组。

精致野豌豆在 Kupicha[4]分类系统中被划归在 *Vicilla* 组中，夏振岱[3]通过对中国野豌豆属的分类研究将其划归在大叶野豌豆组（Sect. *Cassubicae*）中。本研究结果显示精致野豌豆与西藏野豌豆聚为一枝，支持将精致野豌豆与西藏野豌豆分至一个组中。

大叶野豌豆在 Kupicha[4]、贺蓉和贺士元[5]，以及 Endo 和 Ohashi[231]的分类系统中均被划归在 *Vicilla* 组中。Leht[221,229]通过对形态特征的分析也支持这一分类结果。夏振岱[3]将大叶野豌豆划归在大叶野豌豆组（Sect. *Cassubicae*）中。本研究结果显示大叶野豌豆与歪头菜常聚为一枝，支持其与歪头菜分为一组。

太白野豌豆在 Kupicha[4,232]分类系统中被划归在 *Vicilla* 组中，夏振岱[3]将其划归在大叶野豌豆组（Sect. *Cassubicae*）中。本研究结果显示太白野豌豆与 *Vicia* 亚属的物种聚为一枝，但因样品数量过少，该种的系统位置还需进一步讨论。

西藏野豌豆在 Endo 和 Ohashi[231]分类系统中，基于花器官形态特征，与黑龙江野豌豆、西南野豌豆和二色野豌豆一起形成新组（Sect. *Amurense* Y. ENDO & H. OHASHI）。夏振岱[3]根据形态特征将其划归在大叶野豌豆组中。本研究结果支持该种与西南野豌豆、二色野豌豆一起划归在 *Amurense*

组中。

三尖野豌豆和武山野豌豆在 Kupicha[4,232]分类系统中被划归在 *Vicilla* 组中，而夏振岱[3]将其划归在大叶野豌豆组（*Sect. Cassubicae*）中。本研究尚未收集到三尖野豌豆和武山野豌豆，所以此处不做进一步讨论。

3.4.2.2 细叶野豌豆组

细叶野豌豆组的物种包括有察隅野豌豆（*V. bakeri* Ali），广布野豌豆，阿尔泰野豌豆，长齿野豌豆（*V. longicuspis* Xia），大龙骨野豌豆，细叶野豌豆，欧洲苕子（*V. varia* Host.）和长柔毛野豌豆。

广布野豌豆在 Kupicha[4]的分类系统中，在 Hanelt 和 Mettin[11]的分类系统中划归在 *Cracca* 组即细叶野豌豆组中，贺蓉和贺士元[5]、夏振岱[3]及 Leht[221,229]通过对形态特征的分析进一步验证了这一分类，本研究结果也支持这一分类结果。

阿尔泰野豌豆在夏振岱[3]对中国野豌豆属的分类研究中被划归在细叶野豌豆组中，但近期《中国植物志》英文修订版（http://foc.iplant.cn/）将其与广布野豌豆合并为一个种，本研究结果也支持这一分类结果。

大龙骨野豌豆在 Kupicha[4]分类系统中被划归在 *Variegata* 组中，Tzvelev[233]则将其划归在 *Cassubicae* 组中，贺蓉和贺士元[5]也支持这一分类结果。而夏振岱[3]及 Leht[229]对 44 个野豌豆属物种的 89 个形态特征的分析结果支持将大龙骨野豌豆划归至 *Cracca* 组中，后又通过对 67 个种的 91 个形态特征的分析支持将大龙骨野豌豆保留在 *Variegatae* 组中[221]。本研究结果显示大龙骨野豌豆与广布野豌豆、细叶野豌豆聚为一枝，支持将其分布在 *Cracca* 组中。

细叶野豌豆在 Kupicha[4]分类系统中划归在 *Cracca* 组中，Yamamoto[234]对同工酶多样性的研究支持这一分类结果。夏振岱[3]和 Leht[221,229]通过对形态特征的进一步分析也支持这一分类结果。本研究也支持这一分类结果。

长柔毛野豌豆在 Kupicha[4]分类系统中划归在 *Cracca* 组中，Yamamoto[234]根据同工酶多样性研究支持这一分类结果。贺蓉和贺士元[5]，夏振岱[3]，以及 Leht[221,229]通过对形态特征的分析都支持这一分类结果。本研究也支持这一分类结果。

欧洲苕子原产欧洲，仅在我国台湾有栽培，在夏振岱[3]的中国野豌豆属物种分类系统中位于细叶野豌豆组中。夏振岱也把长齿野豌豆和察隅野豌豆划归至细叶野豌豆组中。本研究尚未收集到察隅野豌豆，长齿野豌豆和欧洲苕子，所以此处不做进一步讨论。

3.4.2.3　四籽野豌豆组

四籽野豌豆组的物种包括有大花野豌豆，索伦野豌豆（*V. geminiflora* Trautv.），多叶野豌豆，四花野豌豆（*V. tetrantha* H. W. Kung）和四籽野豌豆。

大花野豌豆在 Kupicha[4] 分类系统中被划归在 *Americanae* 组中。贺蓉和贺士元[5] 通过对华北地区 20 个野豌豆属物种 51 个性状分析，将大花野豌豆与救荒野豌豆等划归至野豌豆组中。本研究中基于 *trn*H–*psb*A 的分析表明大花野豌豆与歪头菜、大叶野豌豆聚为一枝，基于其他片段的 ML 树则支持将大花野豌豆归至 *Vicia* 亚属野豌豆组中。夏振岱[3] 将大花野豌豆划归至四籽野豌豆组中。

多叶野豌豆在夏振岱[3] 的分类系统中被划归在四籽野豌豆组中。本研究结果显示多叶野豌豆与长柔毛野豌豆聚为一枝，支持其与长柔毛野豌豆分在一组中。

四籽野豌豆在 Kupicha[4] 和 Hanelt[11] 分类系统中被划归在 *Cracca* 亚属的 *Ervum* 组中，Jaaska[228] 通过同工酶多样性支持这一分类结果。贺蓉和贺士元[5] 通过对 20 个种 51 个形态性状的研究，夏振岱[3] 对中国野豌豆属的分类研究，Khalik 和 Algohary[36] 通过对种子形态的研究，Leht[229] 基于 44 个野豌豆属物种 89 种植株形态特征的研究也支持这一分类结果。另外，Leht 对 67 个野豌豆属物种 91 个形态特征进一步分析将四籽野豌豆划归在 *Ervum* 亚属 *Ervum* 组中[221]，与 Radzhi[235]、Tzvelev[233] 的分类一致。本研究结果也支持将四籽野豌豆分至 *Ervum* 组中，且未与其他物种聚在一起，故本研究结果也支持将四籽野豌豆划分至 *Ervum* 亚属中。

贺蓉和贺士元[5] 索伦野豌豆划归在野豌豆组中。夏振岱[3] 将索伦野豌豆和四花野豌豆均划归在四籽野豌豆组中。四花野豌豆被划归在 *Vicilla* 组中[232]。本研究尚未收集到索伦野豌豆和四花野豌豆，所以此处不做进一步讨论。

3.4.2.4　硬毛果野豌豆组

硬毛果野豌豆组包含有小巢菜一个物种。

小巢菜在 Kupicha[4] 分类系统中被划归在 *Cracca* 组中，Binzat 等[37] 根据花粉形态特征支持将小巢菜划分在 *Cracca* 组中，Khalik 和 Algohary[36] 通过分析野豌豆属物种种子形态也支持这一分类。Yamamoto[234] 根据同工酶多样性研究将小巢菜划归在 *Ervum* 组中，与贺蓉和贺士元[5]、以及夏振岱[3]对小巢菜的分类观点一致。Leht[229]通过对 44 个野豌豆属物种的 89 个形态特征的分析支持将小巢菜归入 *Ervum* 组中。Hanelt 和 Mettin [11]将小巢菜划归在 *Cracca* 亚属的 *Lenticula* 组中。Leht 通过对 67 个种的 91 个形态特征进一步分析将小巢菜划分至 *Ervum* 亚属 *Lenticula* 组中[221]。本研究中小巢菜所有样品聚在一起形成单系并自成一枝，与前人基于 *mat*K[236]和 ITS[32,33,199,232]的结果相似。因此本研究结果支持 Leht[221]的分类，即将小巢菜划分至 *Ervum* 亚属的 *Lenticula* 组中。

3.4.2.5 歪头菜组

歪头菜组的物种包括有千山野豌豆 [*V. chianshanensis* (P. Y. Fu et Y. A. Chen) Xia]，弯折巢菜（*V. deflexa* Nakai），牯岭野豌豆，头序歪头菜，北野豌豆，歪头菜和柳叶野豌豆。

牯岭野豌豆在 Kupicha[4]，以及 Endo 和 Ohashi[231]的分类系统中均被划归在 *Vicilla* 组中。夏振岱[3]将其划归在歪头菜组（Sect. *Oroboidea*）中。本研究结果显示牯岭野豌豆与西南野豌豆聚为一枝，支持其与西南野豌豆分至一组，但由于该物种样品较少，所以其分类位置还需做进一步探讨。

头序歪头菜在夏振岱[3]的分类系统中被划归在歪头菜组（Sect. *Oroboidea*）中，本研究中头序歪头菜与宽苞野豌豆、确山野豌豆聚为一枝，故支持将其与宽苞野豌豆和确山野豌豆分至一组。

北野豌豆在贺蓉和贺士元[5]分类系统中被划归在 *Vicilla* 组中。夏振岱[3]将其划归在歪头菜组（Sect. *Oroboidea*）中。本研究结果支持北野豌豆与歪头菜分为一组。

歪头菜在 Kupicha[4]、贺蓉和贺士元[5]，以及 Endo 和 Ohashi[231]的分类系统中均被划分在 *Vicilla* 组中。Leht[221,229]通过对形态特征进一步分析也支持这一分类结果。夏振岱[3]将其划归在歪头菜组（Sect. *Oroboidea*）中。Han[237]基于 RAPD 和 ISSR 标记认为北野豌豆和歪头菜有共同的祖先。本研究结果显示歪头菜与大叶野豌豆、北野豌豆分至一组。

柳叶野豌豆 Kupicha[4]、贺蓉和贺士元[5]，以及 Endo 和 Ohashi[231]的分类系统中均被划分在 *Vicilla* 组中。Leht[221,229]通过对形态特征进一步分析也支持这一分类结果。夏振岱[3]将其划归在歪头菜组（Sect. *Oroboidea*）中。刘云波和赵一之[7]支持将柳叶野豌豆和北野豌豆合并。本研究支持柳叶野豌豆与北野豌豆、歪头菜分为一组。

夏振岱[3]将千山野豌豆和弯折巢菜划归在歪头菜组（Sect. *Oroboidea*）中。本研究尚未收集到千山野豌豆和弯折巢菜，所以此处不做进一步讨论。

3.5　小结

本研究中通过联合核 ITS 片段和叶绿体 *mat*K、*rbc*L、*trn*H-*psb*A 片段对中国野豌豆属物种进行了分子系统学分析，对中国野豌豆属物种分子系统关系进行了梳理，并给出以下建议：

1. 支持将窄叶野豌豆为救荒野豌豆的一个变种；
2. 支持将阿尔泰野豌豆与广布野豌豆合并为一个种；
3. 建议将中国野豌豆属部分物种分组稍作调整，具体建议如下：

a. 支持将四籽野豌豆与小巢菜划分在 Ervum 亚属中，分组不变；

b. 大叶野豌豆组（Section *Cassubicae*）并至歪头菜组（Sect. *Oroboidea* = Sect. *Vicilla*）；

c. 支持西南野豌豆组（Sect. *Amurense*）分组：二色野豌豆，西南野豌豆，精致野豌豆，西藏野豌豆；

d. 支持将华野豌豆和多叶野豌豆移至细叶野豌豆组（Sect. *Cracca*）。

第 4 章　山野豌豆分子谱系地理学研究

4.1　材料与方法

4.1.1　试验材料

2015—2016 年，根据已有山野豌豆资源分布信息［查阅中国植物志、各地方植物志、中国数字标本馆（http：//www. cvh. ac. cn/）、国家标本平台（http：//www. nsii. org. cn/2017/home. php）］，作者赴黑龙江省（哈尔滨市、肇东市、齐齐哈尔市）、内蒙古自治区（阿荣旗、莫力达瓦旗、扎鲁特旗、海拉尔等）、山东省泰山、青海省民和回族自治区、湖北省神农架地区、山西省（太原市、运城市）、陕西省秦岭等地进行野外调查和样品采集，最终共收集到了 13 个野生群体的 281 个个体材料；由国家草种质资源库获得野外采集种质 11 份，在人工气候室中培育成植株，共获得 288 个单株材料。材料取样地及来源详见表 4-1。

表 4-1　试验用山野豌豆样品详细信息

	编号	地点	样品来源	纬度（N）	经度（E）	海拔（m）	数量
1	N50	内蒙古自治区鄂伦春自治旗乌鲁布铁镇	野外采集	50°16′28″	124°15′17″	369.23	32
2	STG	内蒙古自治区阿荣旗松塔沟	野外采集	48°8′14″	123°21′47″	304.43	18
3	YDZ	内蒙古自治区阿荣旗亚东镇	野外采集	48°28′5″	123°48′6″	294.07	11
4	HEB	黑龙江省哈尔滨市松北区	野外采集	45°53′51″	126°27′8″	159.6	27
5	XLT	内蒙古自治区谢尔塔拉牧场	野外采集	49°20′23″	119°59′43″	624.97	27

（续表）

	编号	地点	样品来源	纬度（N）	经度（E）	海拔（m）	数量
6	QHA	青海省民和回族土族自治县川亭公路 1	野外采集	36°11′39″	102°44′21″	2044. 57	14
7	QHB	青海省民和回族土族自治县川亭公路 2	野外采集	36°5′	102°44′27″	2301. 37	12
8	SJ	山西省运城市夏县泗交镇	野外采集	35°8′21″	111°26′22″	1040. 21	20
9	YX	山西省太原市阳曲县杨兴乡	野外采集	38°11′51″	112°49′54″	1221. 43	24
10	YHT	内蒙古自治区科尔沁左翼后旗伊胡塔镇	野外采集	43°4′55″	122°15′52″	241. 83	25
11	ZQ	内蒙古自治区扎鲁特旗	野外采集	44°56′42″	120°21′23″	673. 81	28
12	MQ	内蒙古自治区市莫力达瓦达斡尔族自治旗	野外采集	48°41′54″	124°32′8″	254. 94	17
13	ZD	黑龙江省肇东市	野外采集	46°14′30″	125°27′58″	187. 32	26
14	M99	内蒙古赤峰翁牛特旗三星塔拉牛场	国家草种质资源库	43°07′41″	119°03′17″	—	30
15	NM03	内蒙古自治区凉城县东十号村	国家草种质资源库	40°34′59″	112°19′55″	1590	15
16	ZX476	山西省五台山	国家草种质资源库	38°52′43″	113°39′37″	—	30
17	ZX541	北京市灵山	国家草种质资源库	39°59′10″	115°29′8″	—	30
18	ZX562	山西省沂州市立石村	国家草种质资源库	38°56′6″	112°26′30″	—	24
19	B514	内蒙古自治区阿尔山市伊尔施摩天岑	国家草种质资源库	47°17′19″	119°49′2″	—	30
20	B515	内蒙古自治区呼伦贝尔市	国家草种质资源库	48°14′	120°0′28″	—	28
21	B516	内蒙古自治区呼伦贝尔市贡布板	国家草种质资源库	48°43′41″	118°47′38″	—	30
22	ZX986	北京市延庆区松山国家自然保护区	国家草种质资源库	40°31′13″	115°46′04″	998. 4	26
23	ZX987	河北省张家口赤城县大海陀乡	国家草种质资源库	40°34′39″	115°47′	1362	15
24	ZX1141	北京市昌平区	国家草种质资源库	40°10′18″	116°13′24″	49	30

4.1.2 试验方法

野外采集山野豌豆健康新鲜叶片，硅胶干燥带回试验室备用；种子材料自温室中培育成幼苗，取新鲜叶片提取 DNA。DNA 提取修复及序列拼接校正比对方法同前（第 2 章）。

4.1.2.1 基于高通量测序的山野豌豆基因组 SSR 标记的开发

对山野豌豆总 DNA 采用超声打断，切胶回收 400~600bp 的 DNA 片段，利用 NEBNext© 的建库试剂盒构建 500bp 大小的文库，利用 Hiseq 4000 PE150 的测序平台进行测序，测序数据已上传至 NCBI SRA 数据库（PRJNA742214）。对原始 reads 使用软件 SPAdes 3.6.1[238] 进行质量控制和 contig 拼接，最后得到 198 659 个 contigs。

利用软件 MISA（Microsatellite identification; http://pgrc.ipk-gatersleben.de/misa/）鉴别 contig 中的 SSR 位点。SSR 位点基本参数设置：重复单位为 2 个碱基的最少重复数为 5 次；重复单位为 3 个碱基的最少重复数为 4 次；4、5、6 个碱基最少重复数为 3 次。基于筛选的 SSRs，运用 Primer 3 软件进行引物的批量设计。目标扩增片段设置为必须包含 SSR 起始-3bp，终止+6bp，扩增片段大小为 80~300bp。引物的长度设置为 18~25bp，最适长度为 22bp，引物最大允许有一个不能识别的碱基；引物的退火温度（Tm）设置为 55~65℃，最适 Tm 为 60℃，上下游引物间的 Tm 差异最大允许 3℃，引物末端稳定性最大为 250。

4.1.2.2 SSR 引物合成

本研究中 SSR-PCR 扩增体系共包含三条引物，一条为普通正向引物，一条是 5′端加了 M13 序列（5′-CACGACGTTGTAAAACGAC-3′）的反向引物，这两条引物均由生工生物工程（上海）股份有限公司合成。第三条引物是带荧光标记的 M13 通用引物，四种荧光标记引物 FAM（蓝色）、NED（黄色）、VIC（绿色）和 ROX（红色）均由赛默飞世尔科技公司（Thermo Fisher Scientific）合成。

4.1.2.3 SSR 引物筛选

随机挑选 3 个山野豌豆种群 24 份山野豌豆材料用于 SSR 引物的初步筛选，从所有的 SSR 引物中随机挑选 80 对引物进行多态性检测，挑选扩增条带清晰、在山野豌豆材料间具有多态性的引物，共得到 21 对符合条件的山野豌豆 SSR 引物，引物的序列信息、扩增片段大小、退火温度等信息详见

表 4-2。

表 4-2 山野豌豆 SSR 引物的详细信息

	编号	SSR 类型	引物序列（5′—3′）	扩增片段（bp）	退火温度（℃）
1	VA1-1F	（TTG）8	GTTTGGGAAAGAAACGTCGTCA	143-156	56
	VA1-1R		ACCGAACACTTAGTGTGCAAGT		
2	VA1-4F	（TTA）8	ACCGTACAATGTAAGGGTAAACGA	189~243	55
	VA1-4R		TCCACTTAGTCAATTAGCCACACA		
3	VA1-8F	（TGT）7	GAAACCCAATGTTCTTGCGGAA	264~273	56
	VA1-8R		AATACCCTTGCCTTACGCGTAA		
4	VA1-9F	（TG）9	CTTATGTAGCTGGCGTGTTTGT	192~224	56
	VA1-9R		TTGACCTTGGATTTGGGCCATA		
5	VA1-11F	（TG）7	CTGATCTAATAACTTGGCGCGC	261~281	56
	VA1-11R		TGTCGGTCTGTTTGAGTGAACT		
6	VA1-14F	（TCT）7	CAACACGGCGAAAACGATGATA	232~247	56
	VA1-14R		TACGCATCACACAAACCACAAC		
7	VA1-16F	（TCA）7	CTGTACCCGAGGCTCTGAGT	166~187	56
	VA1-16R		AAGACAAGCAAGAAGTTGTCGC		
8	VA1-19F	（TC）7	CTGACCCAAGTAATCCTCTCCG	127~145	56
	VA1-19R		TGGACGGTGATGTTTTGGATCT		
9	VA1-21F	（TAA）7	GGAGCTAAAGCCACTCGTGTAA	242~257	56
	VA1-21R		CCATACGCCCCCACATTTTTAC		
10	VA1-23F	（TA）8	TTTGGTTTGGTCCCCTTGTACA	182~196	56
	VA1-23R		TTCTGACCCACTTCAGGTTCTG		
11	VA1-25F	（TA）10	TTCTGACTCCGATTTTGCTGGA	113~145	58
	VA1-25R		CAAGAGTTTGCTTGCCACTGC		
12	VA1-26F	（GTTA）7	TAGAAGAGAAGCAGACAAGGGC	217~225	53
	VA1-26R		ACAACAAATTCTAGTACAGGTCTCA		
13	VA1-51F	（CA）7	AAAGCTTTCCATTGTGTGTCGG	261~275	56
	VA1-51R		CGCGCAAGTTTGAACCAATCTA		
14	VA1-52F	（CA）10	TGCGCTTAACGTATGTCTGAGT	169~223	56
	VA1-52R		ATAACAATGAGTCCCACGTGGT		

（续表）

	编号	SSR 类型	引物序列（5′—3′）	扩增片段（bp）	退火温度（℃）
15	VA1-53F	（ATT）7	GGCATTAATCTCTCAACTCTGCAC	206~245	56
	VA1-53R		CATCCATAACAAGCTGGTGAGC		
16	VA1-54F	（ATG）8	TGGGACATCAATGGGATAAGAGT	162~186	57
	VA1-54R		CCCTTCCTCTTCAGCCTCATTT		
17	VA1-55F	（ATG）7	TGGGACAAAACTAGAGGCTGTC	171~183	57
	VA1-55R		CCAGCTTCCGGTTGTATGTTTG		
18	VA1-56F	（ATC）9	GTAGCTTGTGTGTCAGATCGGA	244~259	57
	VA1-56R		CACATCACCCATTGCAAGTGAG		
19	VA1-69F	（AG）7	GTTCACGAATTGAAGCGGTTGA	110~136	56
	VA1-69R		GCGTTTGGCTCATCTTCAACAT		
20	VA1-70F	（AG）10	ATTTCCAGGTTCGAAGCTCCTT	117~147	55
	VA1-70R		CACTCACATTTTAGTCAGTTGCGA		
21	VA1-80F	（ACTT）6	GTCCTCCCATGACCACATTCTT	186~206	57
	VA1-80R		AGTACTCTCTGAGCGGTGTTTG		

4.1.2.4 TP-M13-SSR PCR 扩增

TP-M13-SSR PCR 扩增采用 10μL 体系：1μL DNA，0.5μL Forward-M13tail 引物，0.5μL Reverse 引物，0.5μL 荧光引物，1μL 10×Buffer，1μL dNTP，0.1μL Taq 酶，5.4μL ddH_2O。

TP-M13-SSR PCR 反应程序为：94℃预变性 3min；（94℃变性 30s，62℃退火 30s，72℃延伸 30s）×30 个循环；72℃延伸 10min。

PCR 产物由生工生物工程（上海）股份有限公司经 3730xl 自动测序仪（美国 ABI）测序，运用软件 GeneMarker v2.2.0（SoftGenetics，State College，Pennsylvania，美国）分析。

4.2 数据处理与分析

采用 Excel 统计分析 SSR 重复基元类型及分布；采用 GenAlEx 6.5[244] 计算 SSR 引物多态性相关指标。

山野豌豆种群遗传多样性分析采用四倍体分析软件 ATETRA V1. 2[240]计算每个种群的期望杂合度 HE、Shannon-Wiener 多样性指数 H′；用 Excel 统计不同种群的平均等位基因数 A、观察杂合度 H_0。利用 R 语言 POLYSAT v1. 2 程序包[241,242]将四倍体基因型数据转换为二进制数据[243]，采用 GenAlEx 6. 5[244]计算基因分化程度指数 PhiPT（类似于 F_{ST}遗传分化系数），分析不同种群间的遗传分化。使用 MEGA 软件进行 NJ 系统进化树的绘制。

4.3 结果

4.3.1 DNA 提取及 PCR 扩增结果

将山野豌豆 DNA 产物及 PCR 扩增产物在浓度为 1%的琼脂糖凝胶电泳中检测，部分电泳结果见图 4-1。

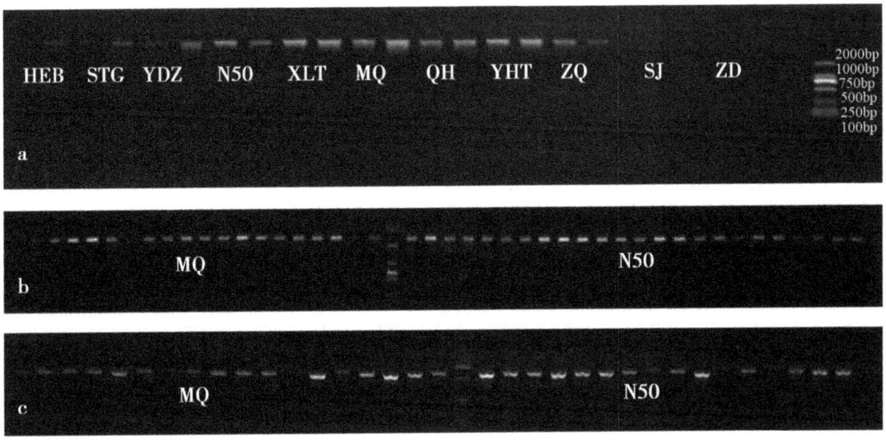

图 4-1　a. 山野豌豆部分样品 DNA 产物凝胶检测图；b. 引物 *psb*J-*pet*A（1000~2000bp）部分 PCR 扩增产物凝胶检测图；c. 引物 *psb*B-*psb*F（750~1000bp）部分 PCR 扩增产物凝胶检测图

4.3.2 山野豌豆基因组 SSR 位点开发结果分析

山野豌豆基因组的 SSR 种类非常丰富，对得到的 contigs 进行 SSR 挖掘，共发现 8799 个位点。重复碱基包括一、二、三、四、五和六核苷酸共六种重复类型，其中重复基元为 2-6 核苷酸的 SSR 的分布情况见表 4-3，不同类型核苷酸的重复次数见表 4-4。

表 4-3 山野豌豆基因组 SSR 序列中 SSR 重复基元类型的数量和种类

类型	序列数	百分比（%）	种类数	平均长度（bp）
二核苷酸	2089	23.74	12	12.67
三核苷酸	3878	44.07	60	13.24
四核苷酸	2055	23.35	196	12.64
五核苷酸	533	6.06	210	15.87
六核苷酸	244	2.77	160	19.30
总数	8799	100.00	638	14.74

表 4-4 山野豌豆基因组 SSR 序列中 SSR 重复基元类型重复次数和分布

类型	重复次数												
	3	4	5	6	7	8	9	10	11	12	13	14	>15
二核苷酸	—	—	1266	355	140	120	51	34	19	13	20	9	62
三核苷酸	—	2861	728	188	57	20	7	8	3	1	—	—	5
四核苷酸	1897	115	26	6	1	1	1	—	—	1	1	—	6
五核苷酸	481	44	4	1	1	—	—	—	—	—	—	—	2
六核苷酸	223	15	2	1	—	1	—	—	—	—	—	—	2
总计	2601	3035	2026	551	199	142	59	42	22	15	21	9	77
分布（%）	29.56	34.49	23.03	6.26	2.26	1.61	0.67	0.48	0.25	0.17	0.24	0.10	0.88

4.3.3 山野豌豆 SSR 分子标记的多态性

如表 4-5 所示，对筛选到的 21 对 SSR 多态性引物来说，等位基因数（Na）为 3.250~15.542，平均为 3.533。有效等位基因数（Ne）在 2.680~9.751，平均为 2.521。香农指数（I）在 0.999~2.655，平均为 0.930。观测杂合度（H_0）在 1.000~2.000，平均为 0.713。期望杂合度在 0.642~1.551，平均为 0.485。遗传分化指数 Fst 从 0.290~0.140，平均为 0.384。基因流 Nm 在 1.538~8.380，平均为 2.119。同时，这些引物的多态性信息含量（PIC）在 0.896~0.968，平均为 0.931。

表 4-5 本研究中 21 对引物的遗传多样性分析

引物编码	Na	Ne	I	Ho	He	F_{st}	N_m	PIC
VA1	3. 958±0. 363	3. 227±0. 232	1. 223±0. 086	1. 083±0. 058	0. 703±0. 043	0. 066	3. 529	0. 899
VA4	11. 292±1. 356	8. 328±0. 899	2. 604±0. 247	1. 458±0. 104	1. 161±0. 092	0. 082	2. 811	0. 963
VA8	5. 500±0. 528	4. 580±0. 491	1. 696±0. 169	1. 375±0. 144	0. 931±0. 094	0. 118	1. 862	0. 905
VA9	15. 542±0. 815	9. 751±0. 524	3. 454±0. 114	1. 997±0. 003	1. 551±0. 027	0. 056	4. 188	0. 967
VA11	8. 625±0. 607	6. 070±0. 415	2. 295±0. 140	1. 750±0. 090	1. 200±0. 067	0. 063	3. 711	0. 933
VA14	6. 333±0. 441	5. 058±0. 346	1. 874±0. 117	1. 542±0. 104	1. 029±0. 065	0. 073	3. 176	0. 914
VA16	4. 292±0. 467	3. 347±0. 325	1. 286±0. 127	1. 292±0. 095	0. 768±0. 066	0. 050	4. 762	0. 902
VA19	3. 250±0. 396	2. 680±0. 257	0. 999±0. 103	1. 167±0. 078	0. 642±0. 054	0. 029	8. 380	0. 930
VA21	3. 375±0. 320	3. 027±0. 265	1. 108±0. 094	1. 042±0. 042	0. 652±0. 042	0. 107	2. 076	0. 903
VA23	5. 208±0. 519	4. 225±0. 393	1. 476±0. 124	1. 042±0. 042	0. 751±0. 048	0. 140	1. 538	0. 949
VA25	6. 000±0. 553	4. 841±0. 427	1. 689±0. 129	1. 167±0. 078	0. 854±0. 057	0. 122	1. 807	0. 963
VA26	6. 375±0. 557	4. 805±0. 408	1. 845±0. 149	1. 583±0. 103	1. 036±0. 076	0. 045	5. 287	0. 912
VA51	5. 833±0. 462	4. 566±0. 387	1. 674±0. 121	1. 208±0. 085	0. 863±0. 060	0. 099	2. 272	0. 935
VA52	7. 083±0. 541	5. 470±0. 414	1. 795±0. 099	1. 083±0. 058	0. 838±0. 041	0. 123	1. 782	0. 953
VA53	10. 625±0. 954	6. 724±0. 473	2. 608±0. 155	2. 000±0. 000	1. 338±0. 039	0. 044	5. 441	0. 942
VA54	9. 042±0. 768	5. 739±0. 407	2. 299±0. 153	1. 833±0. 078	1. 214±0. 065	0. 051	4. 605	0. 941
VA55	5. 625±0. 532	3. 822±0. 370	1. 519±0. 139	1. 458±0. 104	0. 883±0. 073	0. 031	7. 777	0. 916
VA56	5. 625±0. 544	3. 985±0. 354	1. 539±0. 123	1. 333±0. 098	0. 861±0. 062	0. 038	6. 412	0. 924

（续表）

引物编码	Na	Ne	I	Ho	He	F_{st}	N_m	PIC
VA69	9.458±0.983	5.641±0.512	2.242±0.192	1.749±0.092	1.163±0.078	0.040	6.005	0.953
VA70	11.583±1.085	6.982±0.634	2.655±0.202	1.792±0.085	1.277±0.077	0.074	3.115	0.968
VA80	3.750±0.173	2.991±0.095	1.164±0.037	1.000±0.000	0.658±0.011	0.087	2.636	0.896
Mean	3.533±0.095	2.521±0.062	0.930±0.021	0.713±0.014	0.485±0.010	0.384±0.057	2.119±0.364	0.931

注：等位基因数 Na=No. of Alleles；有效等位基因数 Ne=No. of Effective；香侬指数 I=Shannon's Information Index；观测杂合度 Ho=Observed Heterozygosity；期望杂合度 He=Expected Heterozygosity；遗传分化系数 Fst=（Ht-Mean He）/Ht；基因流 Nm=［（1/Fst）-1］/4；多态性信息含量 PIC=Polymorphism information content

4.3.4 山野豌豆种群的遗传多样性

如表 4-6 所示，24 个山野豌豆居群之间存在着丰富的遗传多样性（Na=3.533；Ne=2.521；I=0.930；Ho=0.713；He=0.485），PPL（多态性信息位点含量）为 4.76%~83.33%，平均值为 71.33%。其中，ZX1141 的遗传多样性最为丰富（Na=4.976；Ne=3.191；I=1.159；Ho=0.810；He=0.570），QHA 的遗传变异最低（Na=1.857；Ne=1.526；I=0.583；Ho=0.548；He=0.340）。

表 4-6　24 个山野豌豆居群的遗传多样性

居群	Na	Ne	I	Ho	He	PPL
M99	3.952±0.438	2.774±0.271	1.402±0.097	0.786±0.064	0.543±0.046	78.57%
NM03	3.357±0.460	2.433±0.289	0.909±0.101	0.738±0.069	0.485±0.047	73.81%
ZX476	3.548±0.426	2.574±0.273	0.954±0.099	0.762±0.067	0.509±0.047	76.19%
ZX541	4.405±0.558	2.949±0.340	1.062±0.108	0.786±0.064	0.537±0.047	78.57%
ZX562	3.952±0.427	2.766±0.281	1.031±0.099	0.786±0.064	0.536±0.046	78.57%

（续表）

居群	Na	Ne	I	Ho	He	PPL
B514	3. 310± 0. 343	2. 428± 0. 226	0. 929± 0. 087	0. 785± 0. 064	0. 513± 0. 044	78. 57%
B515	4. 405± 0. 490	3. 108± 0. 310	1. 120± 0. 100	0. 833± 0. 058	0. 574± 0. 043	83. 33%
B516	3. 905± 0. 440	2. 851± 0. 296	1. 043± 0. 101	0. 786± 0. 064	0. 541± 0. 046	78. 57%
ZX986	4. 619± 0. 529	3. 162± 0. 352	1. 132± 0. 111	0. 760± 0. 066	0. 554± 0. 050	76. 19%
ZX987	3. 452± 0. 439	2. 641± 0. 315	0. 954± 0. 101	0. 762± 0. 067	0. 507± 0. 047	76. 19%
ZX1141	4. 976± 0. 583	3. 191± 0. 336	1. 159± 0. 109	0. 810± 0. 061	0. 570± 0. 046	80. 95%
N50	3. 857± 0. 521	2. 672± 0. 342	0. 960± 0. 112	0. 714± 0. 071	0. 490± 0. 051	71. 43%
STG	2. 857± 0. 394	2. 172± 0. 280	0. 811± 0. 102	0. 643± 0. 075	0. 436± 0. 052	64. 29%
YDZ	2. 333± 0. 374	1. 823± 0. 278	0. 686± 0. 101	0. 571± 0. 077	0. 375± 0. 052	57. 14%
HEB	3. 929± 0. 486	2. 579± 0. 307	0. 974± 0. 110	0. 690± 0. 072	0. 488± 0. 052	69. 05%
XLT	3. 548± 0. 486	2. 451± 0. 313	0. 910± 0. 108	0. 690± 0. 072	0. 470± 0. 051	69. 05%
QHA	1. 857± 0. 288	1. 526± 0. 230	0. 583± 0. 088	0. 548± 0. 078	0. 340± 0. 049	54. 76%
QHB	2. 643± 0. 390	2. 073± 0. 284	0. 770± 0. 104	0. 619± 0. 076	0. 416± 0. 052	61. 90%
SJ	2. 762± 0. 399	2. 140± 0. 297	0. 783± 0. 103	0. 643± 0. 075	0. 424± 0. 051	64. 29%
YX	3. 048± 0. 423	2. 150± 0. 282	0. 814± 0. 101	0. 667± 0. 074	0. 437± 0. 050	66. 67%
YHT	3. 119± 0. 441	2. 207± 0. 287	0. 835± 0. 107	0. 643± 0. 075	0. 438± 0. 052	64. 29%
ZQ	4. 214± 0. 516	2. 949± 0. 303	1. 073± 0. 105	0. 786± 0. 064	0. 547± 0. 047	78. 57%
MQ	2. 929± 0. 426	2. 125± 0. 304	0. 790± 0. 108	0. 619± 0. 076	0. 416± 0. 053	61. 90%

（续表）

居群	Na	Ne	I	Ho	He	PPL
ZD	3.810± 0.507	2.747± 0.346	0.987± 0.115	0.690± 0.072	0.494± 0.053	69.05%
Mean	3.533± 0.095	2.521± 0.062	0.930± 0.021	0.713± 0.014	0.485± 0.010	71.33%

注：等位基因数 Na = No. of Alleles；有效等位基因数 Ne = No. of Effective Alleles；香侬指数 I = Shannon's Information Index；观测杂合度 Ho = Observed Heterozygosity；期望杂合度 He = Expected Heterozygosity；多态性位点百分率 PPL = Percentage of Polymorphic Loci

AMOVA 分析的结果显示，山野豌豆种群有 88%的遗传变异存在于种群内部（表 4-7），种群间也存在一定的变异（12%），居群间存在显著的遗传分化。按照公式 Nm = 0.25（1-PhiPT）/PhiPT，计算基因流（Nm），其结果为 Nm = 4.958。

表 4-7　山野豌豆种群种内种间 AMOVA 分析

变异来源	自由度	平方和	均方	方差	变异比例	
种群间	23	808.846	35.167	1.132	12%	Fst = 0.048 Nm = 4.958 P = 0.001
种群内	545	4592.969	8.427	8.427	88%	
合计	568	5401.815		9.559	100%	

注：遗传分化系数 Fst：种群间基因变异；基因流 Nm = ［（1/Fst）-1］/4；$P = 0.001 < 0.01$ 表明种群间群在极显著变异

在 PCoA 分析中（图 4-2），QHA 与其他居群距离较远，单独形成一个聚点。其他 23 个居群可以分为 cluster A 和 cluster B. Cluster A 包含有来自内蒙古自治区（YHT，N50，NM03，ZQ，M99，B514，B515 和 B516），山西（YX 和 ZX476），黑龙江（ZD）和北京（ZX986 和 ZX1141）的居群。其他 10 个种群形成了 Cluster B.

另外，根据 Nei's 遗传距离构建了 24 个山野豌豆居群的 NJ 树（图 4-3），569 个样品聚成了 5 个分枝（Clusters Ⅰ，Ⅱ，Ⅲ，Ⅳ和Ⅴ）。Cluster Ⅰ包括来自内蒙古自治区（MQ，STG，ZQ，XLT，B514 和 B515），山西（YX 和 SJ），黑龙江（HEB）和北京（Zx541）的居群。Cluster Ⅱ可以分为 3 个亚枝：一个包括青海（QHA 和 QHB）和内蒙古自治区（YDZ）的居群，另

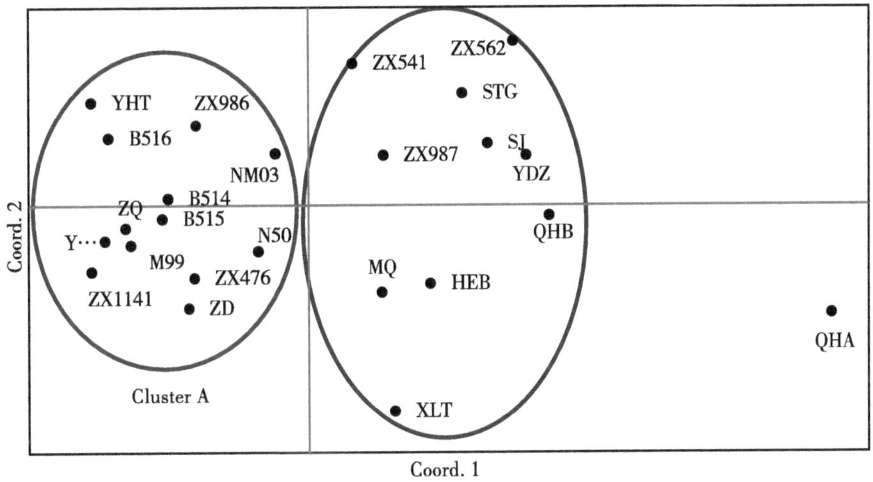

图 4-2　山野豌豆种群的 PCoA 分析图

一个由内蒙古自治区的 M99 形成，第三个是由山西的 ZX562 形成。Cluster Ⅲ包括 ZD（黑龙江）；ZX987（河北）；ZX476 和 ZX562（山西）；NM03，B514，B515 和 B516（内蒙古自治区）；ZX541，ZX986 和 ZX1141（北京）。来自内蒙古自治区（B514，B515，B516，YDZ，MQ，N50，ZD，XLT 和 STG），山西（ZX476 和 YX），北京（ZX986 和 ZX1141），河北（ZX987）和黑龙江（HEB）的部分单株聚集形成了 Cluster Ⅳ. Cluster Ⅴ 则是包含了剩余单株，包括青海地区（QHA 和 QHB），内蒙古地区（B515，B516，XLT，YHT 和 ZQ），山西（SJ 和 ZX476）和北京地区（Z1141）的单株。

4.4　讨论

4.4.1　山野豌豆样品采集及保存

本试验中野外材料共采集到 13 个种群 281 份材料，但因野外取样时叶片干燥不及时等问题，使得由野外种群的植株叶片提取的 DNA 浓度质量不佳。后续出现叶绿体片段扩增及测序成功率不高等问题。因此在以后山野豌豆野外样品采集时，要格外注重样品保存等问题。

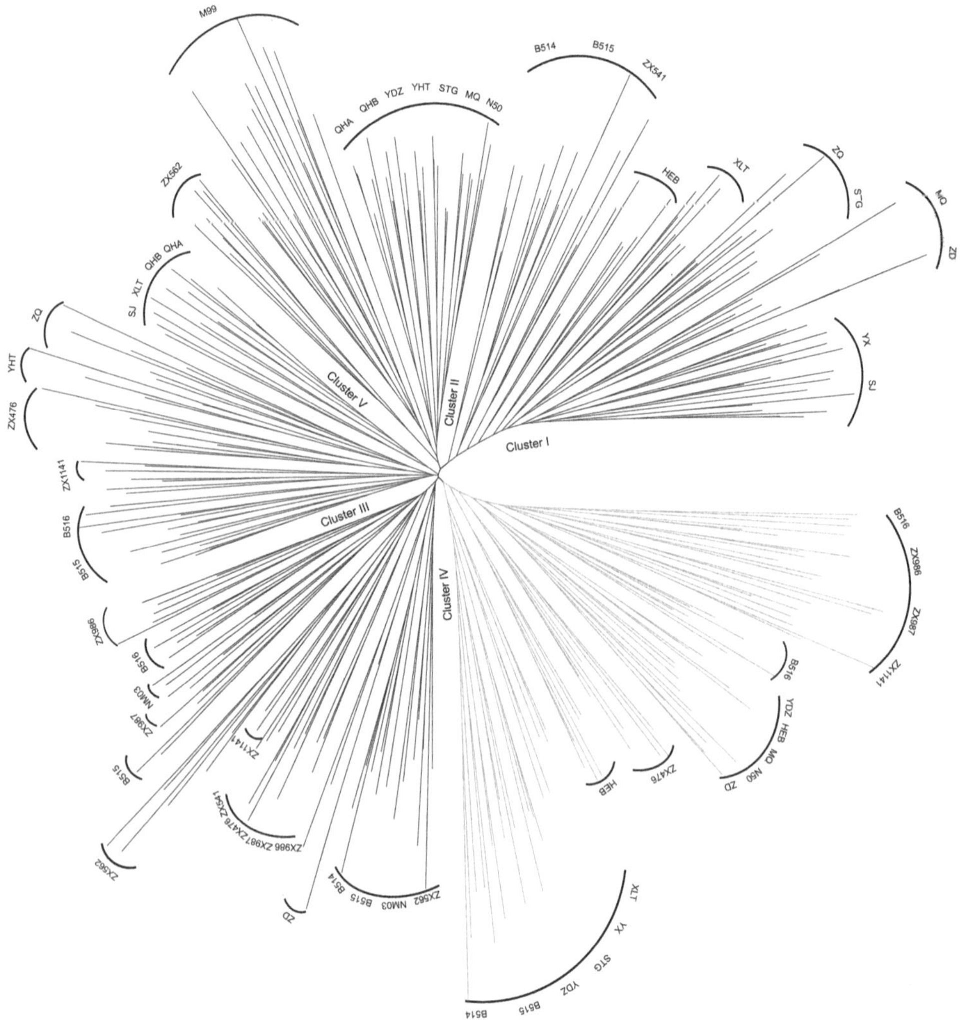

图 4-3　基于山野豌豆种群间遗传距离的 NJ 树

4.4.2　基于 SSR 数据的分析

基于 21 个 SSR 位点对山野豌豆 24 个种群遗传多样性和遗传结构的分析表明，本研究中山野豌豆种群都具有丰富的遗传多样性，其中以北京市昌平区的种群（ZX1141）遗传多样性丰富度最高，青海省种群（QHA）的遗传多样性丰富度最低。山野豌豆种群有 84%的遗传变异来自种群内部，说明种群间的遗传变异较小，这从另一个角度验证山野豌豆是异花授粉植物[14]，与大部分自花授粉的野豌豆属物种不同[252,253]。异花授粉可以使得物种保持杂种优势[143]，提高山野豌豆的环境适应能力，使得种质资源的遗传多样性更好地保存。

依据遗传距离对 24 个种群的聚类分析结果可知种群间的关系与种群的地理位置和生态环境相关[254]。根据 SSR 数据的 PCoA 分析和 NJ 分析得出的种群聚类结果虽有出入，但基本一致。NJ 分析的结果基本是由种群的地理位置决定的，而 PCoA 分析结果基本与山野豌豆种群的生境（山地等）相一致。青海省的种群单独成组，这是由青藏高原的独特的地理位置所决定的；内蒙古自治区科尔沁左翼后旗种群单独成组，可能是由于研究种群中，只有这一种群的生境为沙地；分布在山地草原的内蒙古自治区扎鲁特旗、内蒙古自治区赤峰市三星塔拉牛场和内蒙古自治区阿荣旗种群聚在一起；分布在羊草草甸草原的内蒙古自治区海拉尔谢尔塔拉牧场和黑龙江省肇东市的种群聚在一起；其余种群所在的地理环境皆是北纬 40°区域的森林覆盖率较高的高大山脉地区，如内蒙古自治区乌兰察布市凉城县、北京市灵山、北京市松山自然保护区、河北省张家口大海陀自然保护区。

4.5　小结

本研究通过 SSR 标记对山野豌豆分子谱系地理学进行了初步研究。基于 SSR 数据的 Structure 聚类分析也将分布在北纬 50°区域的内蒙古自治区莫力达瓦旗和鄂伦春自治旗的种群聚在一起，与基于叶绿体基因单倍型分析的结果相同，这表明山野豌豆种群在迁移过程中在北纬 50°区域发生了遗传分化。另外，山野豌豆种群遗传分化与地理位置及生境息息相关，其中位于北纬 40°区域的山区山野豌豆群体遗传多样性丰富度最高，青海省群体的遗传多样性丰富度最低。基于本研究数据分析结果及山野豌豆地理分布推测中国山野豌豆种群的进化路线大致是由北纬 50°区域从中国东北至西南方向迁移，并在青藏高原地区及不同生境区域发生遗传分化。

参考文献

[1] 陈默君,贾慎修. 中国饲用植物[M].北京:中国农业出版社,2002.

[2] 赵一之,刘云波. 蒙古高原野豌豆属植物区系生态地理分布研究[J]. 内蒙古大学学报(自然科学版),2001,32(2):202-210.

[3] 夏振岱. 中国野豌豆属的分类研究[J]. 植物分类学报,1996,34(4):421-433.

[4] Kupicha F K. The infrageneric structure of Vicia[J]. Notes from the Royal Botanic Garden Edinburgh,1976,34:287-326.

[5] 贺蓉,贺士元. 华北地区野豌豆属的系统研究[J]. 西北植物学报,1994,14(4):303-306.

[6] 刘祥君,穆春良,王好友,等. 东北地区野豌豆属 *VICIA* L. 物种生物学研究Ⅷ. 幼苗形体结构动态和种间界限[J]. 植物研究,1996,16(1):80-84.

[7] 刘云波,赵一之. 蒙古高原野豌豆属植物的分类研究[J]. 内蒙古大学学报(自然科学版),2001,32(1):66-73.

[8] 雒宏佳. 中国野豌豆属植物叶表皮、种皮微形态特征及其系统学意义[D]. 杨凌:西北农林科技大学,2014.

[9] Nikiforova O. System of the genus Vicia(Fabaceae)in Siberia[J]. Botanicheskii zhurnal,1985,70(5):604-611.

[10] Maxted N. A phenetic investigation of Vicia section Peregrinae Kupicha (Leguminosae, Papilionoideae, Vicieae) [J]. Edinburgh Journal of Botany,1994,51(1):75-97.

[11] Hanelt P,Mettin D. Biosystematics of the genus Vicia L.(Leguminosae)[J]. Annual Review of Ecology and Systematics,1989,20(1):199-223.

[12] Maxted N,Callimassia M,Bennett M. Cytotaxonomic studies of Eastern mediterraneanVicia species(Leguminosae)[J]. Plant Systematics

and Evolution,1991,177(3-4):221-234.

[13] 刘玉红．八种野豌豆属植物的核型研究[J]．遗传学报,1988,15(6):424-429.

[14] 李瑞军,刘祥军,刘玫,等．东北地区野豌豆属 *Vicia* L. 物种生物学研究：I．染色体数目及其分类学意义[J]．植物研究,1991,11(1):109-113.

[15] 宋志文,曹军,杨光．东北地区野豌豆属植物过氧化物酶同工酶研究[J]．植物研究,2001,21(1):131-135.

[16] Elbok S,Zoghlamikhelil A,Benbrahim T,et al.Chromosome number and karyotype analysis of some taxa of Vicia genus (Fabaceae): revision and description[J]. International Journal of Agriculture & Biology,2014,16(6):1067-1074.

[17] 刘鹏,王彦荣,刘志鹏．野豌豆属 43 份牧草种质的染色体形态观察与分析[J]．草业科学,2015,32(6):908-926.

[18] 冉雪琴,朱晓彤．贵州野豌豆属植物的核型研究[J]．草业科学,1997,14(1):5-9.

[19] 曲秀春,刘祥君,李瑞军．中国北方广布野豌豆细胞地理学研究[J]．植物研究,2002,22(1):61-64.

[20] 苏萍,王好友,朴建植,等．东北地区野豌豆属物种生物学研究Ⅸ——种子游离氨基酸分析[J]．哈尔滨师范大学自然科学学报,1996,12(3):77-83.

[21] 苏萍,王好友,朴建植,等．东北地区野豌豆属物种生物学研究 X. 染色体和种子水溶蛋白多样性的研究[J]．哈尔滨师范大学自然科学学报,1997,13(6):74-80.

[22] 王瑞红．玄参属系统发育和生物地理学分析及砾玄参复合种的亲缘地理学研究[D]．杭州:浙江大学,2015.

[23] Bremer B,Bremer K,Chase M W,et al.An update of the Angiosperm Phylogeny Group classification for the orders and families of flowering plants:APG Ⅲ[J]. Botanical Journal of the Linnean Society,2009,161(2):105-121.

[24] Haston E,Richardson J E,Stevens P F,et al.A linear sequence of Angiosperm Phylogeny Group Ⅱ families[J]. Taxon,2007,56(1):7-12.

[25] Haston E,Richardson J E,Stevens P F,et al.The Linear Angiosperm Phylogeny Group (LAPG) Ⅲ: a linear sequence of the families in APG Ⅲ[J]. Botanical Journal of the Linnean Society,2009,161(2):128-131.

[26] Chamala S,Chanderbali A S,Der J P,et al.Assembly and validation of the genome of the nonmodel basal angiosperm amborella[J]. Science,2013,342(6165):1516-1517.

[27] Wang R H,Wang D D,Qi Z C,et al. Scrophularia koraiensis,a new synonym to Scrophularia kakudensis (Lamiales: Scrophulariaceae)[J]. Phytotaxa,2015,202(3):228-230.

[28] 赵奉彬. 中国杨属物种 DNA 条形码及分子系统学初步研究[D]. 北京:北京林业大学,2016.

[29] Potokina E,Tomooka N,Vaughan D A,et al.Phylogeny of Vicia subgenus *Vicia* (Fabaceae) based on analysis of RAPDs and RFLP of PCR-amplified chloroplast genes[J]. Genetic Resources and Crop Evolution,1999,46(2):149-161.

[30] Fennell S R,Powell W,Wright F. Phylogenetic relationships between *Vicia faba* (Fabaceae) and related species inferred from chloroplast-trnL sequences[J]. Plant Systematics and Evolution,1998,212(3):247-259.

[31] Leht M,Jaaska V. Cladistic and phenetic analysis of relationships in Vicia subgenus *Vicia* (Fabaceae) by morphology and isozymes[J]. Plant Systematics and Evolution,2002,232(3):237-260.

[32] Choi B H,Seok D I,Endo Y,et al.Phylogenetic significance of stylar features in genus *Vicia* (Leguminosae): an analysis with molecular phylogeny[J]. Journal of Plant Research,2006,119(5):513-523.

[33] Shiran B,Kiani S,Sehgal D,et al. Internal transcribed spacer sequences of nuclear ribosomal DNA resolving complex taxonomic history in the genus *Vicia* L[J]. Genetic Resources and Crop Evolution,2014,61(5):909-925.

[34] Emre I. Determination of Genetic Diversity in the *Vicia* L. (Section Vicia) by using SDS-PAGE[J]. Pakistan Journal of Botany,2011,43(3):1429-1432.

[35] Caputo P, Frediani M, Gelati M T, et al. Karyological and molecular characterisation of subgenus *Vicia*(Fabaceae)[J]. Plant Biosystems - An International Journal Dealing with all Aspects of Plant Biology,2013,147(4):1242-1252.

[36] Khalik K N A, Algohary I H. Taxonomic relationships in some Vicia species from Egypt, based on seed morphology and SDS-PAGE of seed proteins[J]. Acta Scientiarum Biological Sciences, 2013, 35(4):603-611.

[37] BinzatO K, Kahraman A, Doğan M. Pollen morphology of some taxa of *Vicia* L. subgenus *Vicilla* (Schur) Rouy (Fabaceae) from Turkey [J]. Plant Systematics and Evolution,2014,300(8):1867-1876.

[38] 陈士林,姚辉,宋经元,等. 基于 DNA barcoding(条形码)技术的中药材鉴定[J]. 世界科学技术-中医药现代化,2007,9(3):7-12.

[39] Li D Z, Liu J Q, Chen Z D, et al. Plant DNA barcoding in China [J]. Journal of Systematics and Evolution,2011,49(3):165-168.

[40] Li M,Cao H,But P P H,et al.Identification of herbal medicinal materials using DNA barcodes[J]. Journal of Systematics and Evolution, 2011,49(3):271-283.

[41] Hebert P D, Cywinska A, Ball S L. Biological identifications through DNA barcodes[J]. Proceedings of the Royal Society B: Biological Sciences,2003,270(1512):313-321.

[42] Vences M,Thomas M,Van Der Meijden A,et al.Comparative performance of the 16S rRNA gene in DNA barcoding of amphibians[J]. Frontiers in Zoology,2005,2(1):1-12.

[43] Wong E H K,Hanner R H. DNA barcoding detects market substitution in North American seafood[J]. Food Research International,2008,41(8):828-837.

[44] Goncalves P F M,Oliveira-Marques A R,Matsumoto T E,et al.DNA barcoding identifies illegal parrot trade[J]. Journal of Heredity, 2015,106:560-564.

[45] Armstrong K F,Ball S L. DNA barcodes for biosecurity:invasive species identification[J]. Philosophical Transactions of the Royal Society B-

Biological Sciences,2005,360(1462):1813-1823.

[46] Crawford A J,Alonso R,Jaramillo C A,et al.DNA barcoding identifies a third invasive species of Eleutherodactylus(Anura:Eleutherodactylidae)in Panama City,Panama[J]. Zootaxa,2011,(2890):65-67.

[47] Melo M A,Lyra M L,Brischi A M,et al.First record of the invasive frog Eleutherodactylus johnstonei (Anura: Eleutherodactylidae) in S (a) over - tildeo Paulo, Brazil [J]. Salamandra, 2014, 50 (3): 177-180.

[48] Daniel R. Utility of Mitochondrial DNA Barcodes in Species Conservation[J]. Conservation Biology,2006,20(4):1026-1033.

[49] Lahaye R, Van Der Bank M, Bogarin D, et al. DNA barcoding the floras of biodiversity hotspots [J]. Proceedings of the National Academy of Sciences USA,2008,105(8):2923-2928.

[50] Janzen D H,Hallwachs W,Blandin P,et al.Integration of DNA barcoding into an ongoing inventory of complex tropical biodiversity [J]. Molecular Ecology Resources,2009,9(Suppl. 1):1-26.

[51] Krishnamurthy P K,Francis R A. A critical review on the utility of DNA barcoding in biodiversity conservation[J]. Biodiversity and Conservation,2012,21(8):1901-1919.

[52] Crawford A J, Cruz C, Griffith E, et al. DNA barcoding applied to ex situ tropical amphibian conservation programme reveals cryptic diversity in captive populations [J]. Molecular Ecology Resources, 2013,13(6):1005-1018.

[53] Crawford A J,Lips K R,Bermingham E. Epidemic disease decimates amphibian abundance, species diversity, and evolutionary history in the highlands of central Panama[J]. Proceedings of the National Academy of Sciences of the United States of America, 2010, 107 (31):13777-13782.

[54] Flanagan J L,Brodie E L,Weng L,et al. Loss of bacterial diversity during antibiotic treatment of intubated patients colonized with Pseudomonas aeruginosa [J]. Journal of Clinical Microbiology, 2007, 45 (6):1954-1962.

[55] Sogin M L,Morrison H G,Huber J A,et al.Microbial diversity in the

deep sea and the underexplored " rare biosphere" [J]. Proceedings of the National Academy of Sciences of the United States of America, 2006, 103(32): 12115-12120.

[56] Nilsson R H, Kristiansson E, Ryberg M, et al. Intraspecific ITS variability in the kingdom fungi as expressed in the international sequence databases and its implications for molecular species identification [J]. Evolutionary Bioinformatics, 2008, 4: 193-201.

[57] Schoch C L, Seifert K A, Huhndorf S, et al. Nuclear ribosomal internal transcribed spacer (ITS) region as a universal DNA barcode marker for Fungi [J]. Proceedings of the National Academy of Sciences of the United States of America, 2012, 109 (16): 6241-6246.

[58] Avin F A, Bhassu S, Shin T Y, et al. Molecular classification and phylogenetic relationships of selected edible Basidiomycetes species [J]. Molecular Biology Reports, 2012, 39(7): 7355-7364.

[59] Chase M W, Fay M F. Barcoding of plants and fungi[J]. Science, 2009, 325(5941): 682-683.

[60] Chen S, Yao H, Han J, et al. Validation of the ITS2 region as a novel DNA barcode for identifying medicinal plant species[J]. PloS One, 2010, 5(1): e8613.

[61] Chase M W, Salamin N, Wilkinson M, et al. Land plants and DNA barcodes: short-term and long-term goals[J]. Philosophical Transactions of the Royal Society B-Biological Sciences, 2005, 360 (1462): 1889-1895.

[62] Kress W J, Wurdack K J, Zimmer E A, et al. Use of DNA barcodes to identify flowering plants[J]. Proceedings of the National Academy of Sciences USA, 2005, 102(23): 8369-8374.

[63] Kress W J, Erickson D L. A two-locus global DNA barcode for land plants: the coding rbcL gene complements the non-coding trnH-psbA spacer region[J]. PLoS One, 2007, 2(6): e508.

[64] Newmaster S, Fazekas A, Steeves R, et al. Testing candidate plant barcode regions in the Myristicaceae[J]. Molecular ecology resources, 2008, 8(3): 480-490.

[65] Cbol-Plant-Working-Group. A DNA barcode for land plants[J]. Proceedings of the National Academy of Sciences USA, 2009, 106(31):12794-12797.

[66] CowanR S,Chase M W,Kress W J,et al. 300 000 species to identify: problems,progress, and prospects in DNA barcoding of land plants[J]. Taxon,2006,55(3):611-616.

[67] Dong W,Xu C,Li C,et al.ycf1,the most promising plastid DNA barcode of land plants[J]. Scientific Reports,2015,5:8348.

[68] Hollingsworth P M,Graham S W,Little D P. Choosing and Using a Plant DNA Barcode[J]. PloS One,2011,6(5):e19254.

[69] Vijayan K,Tsou C H. DNA barcoding in plants: taxonomy in a new perspective[J]. Current Science,2010,99(11):1530-1541.

[70] Hebert P D, Stoeckle M Y, Zemlak T S, et al. Identification of birds through DNA barcodes[J]. PLoS biology,2004,2(10):e312.

[71] Chase M W, Cowan R S, Hollingsworth P M, et al. A proposal for a standardised protocol to barcode all land plants[J]. Taxon,2007,56(2):295-299.

[72] Erickson D L, Spouge J, Resch A, et al. DNA barcoding in land plants: developing standards to quantify and maximize success[J]. Taxon,2008,57(4):1304-1316.

[73] Kane N C, Cronk Q. Botany without borders: barcoding in focus[J]. Molecular Ecology,2008,17(24):5175-5176.

[74] Kane N,Sveinsson S,Dempewolf H,et al. Ultra-barcoding in cacao (*Theobroma* spp.; Malvaceae) using whole chloroplast genomes and nuclear ribosomal DNA[J]. American Journal of Botany, 2012, 99(2):320-329.

[75] Pennisi E. Taxonomy - Wanted: A barcode for plants[J]. Science, 2007,318(5848):190-191.

[76] 宁淑萍,颜海飞,郝刚,等. 植物 DNA 条形码研究进展[J]. 生物多样性,2008,16(5):417-425.

[77] Fazekas A J,Burgess K S,Kesanakurti P R,et al.Multiple multilocus DNA barcodes from the plastid genome discriminate plant species equally well[J]. PloS One,2008,3(7):e2802.

[78] Fazekas A J, Kesanakurti P R, Burgess K S, et al. Are plant species inherently harder to discriminate than animal species using DNA barcoding markers? [J]. Molecular Ecology Resources, 2009, 9 (Suppl. 1): 130–139.

[79] Sucher N J, Carles M C. Genome-based approaches to the authentication of medicinal plants[J]. Planta Medica, 2008, 74(6): 603–623.

[80] Parks M, Cronn R, Liston A. Increasing phylogenetic resolution at low taxonomic levels using massively parallel sequencing of chloroplast genomes[J]. BMC Biology, 2009, 7(1): 84–100.

[81] Nock C J, Waters D L E, Edwards M A, et al. Chloroplast genome sequences from total DNA for plant identification[J]. Plant Biotechnology Journal, 2011, 9(3): 328–333.

[82] Yang J B, Tang M, Li H T, et al. Complete chloroplast genome of the genus *Cymbidium*: lights into the species identification, phylogenetic implications and population genetic analyses[J]. BMC Evolutionary Biology, 2013, 13: 84–95.

[83] Li X, Yang Y, Henry R J, et al. Plant DNA barcoding: from gene to genome[J]. Biological Reviews, 2015, 90(1): 157–166.

[84] Kumar S, Hahn F M, Mcmahan C M, et al. Comparative analysis of the complete sequence of the plastid genome of Parthenium argentatum and identification of DNA barcodes to differentiate Parthenium species and lines[J]. BMC Plant Biology, 2009, 9(1): 131–142.

[85] Wang W Q, Wu Y R, Yan Y H, et al. DNA barcoding of the Lemnaceae, a family of aquatic monocots[J]. BMC Plant Biology, 2010, 10 (1): 205–215.

[86] Zhang W, Fan X, Zhu S, et al. Species-Specific identification from incomplete sampling: applying DNA barcodes to monitoring invasive solanum plants[J]. PloS One, 2013, 8(2): e55927.

[87] Ahmed I, Matthews P J, Biggs P J, et al. Identification of chloroplast genome loci suitable for high-resolution phylogeographic studies of *Colocasia esculenta* (L.) Schott (Araceae) and closely related taxa [J]. Molecular Ecology Resources, 2013, 13(5): 929–937.

[88] Kuang D Y, Wu H, Wang Y L, et al. Complete chloroplast genome se-

quence of *Magnolia kwangsiensis* (Magnoliaceae): implication for DNA barcoding and population genetics[J]. Genome,2011,54(8): 663-673.

[89] Dong W, Liu J, Yu J, et al. Highly variable chloroplast markers for evaluating plant phylogeny at low taxonomic levels and for DNA barcoding[J]. PloS One,2012,7(4):e35071.

[90] 周世良,徐超,董文攀,等. DNA条形码技术在珍稀濒危物种保护中的应用[J]. 生物多样性,2015,23(3):288-290.

[91] 邬兰. 中草药DNA整合鉴定系统研究[D]. 武汉:湖北中医药大学,2016.

[92] 李永青,赵生国,焦婷. 豆科六种牧草DNA条形码鉴定技术研究[J]. 分子植物育种,2017,14(1):322-329.

[93] 罗焜,陈士林,陈科力,等. 基于芸香科的植物通用DNA条形码研究[J]. 中国科学:生命科学,2010,40(4):342-351.

[94] 李妮,陈士林,刘义梅,等. 葫芦科植物通用DNA条形码的筛选[J]. 中草药,2011,42(7):1396-1401.

[95] 黄明忠. 基于*matK*基因和ITS序列的海南野生兰科植物DNA条形码探讨[D]. 海口:海南大学,2010.

[96] 胡志刚. 菊科药用植物DNA条形码及叶绿体基因组研究[D]. 武汉:湖北中医药大学,2012.

[97] Ragupathy S, Newmaster S G, Murugesan M, et al. DNA barcoding discriminates a new cryptic grass species revealed in an ethnobotany study by the hill tribes of the Western Ghats in southern India[J]. Molecular Ecology Resources,2009,9(s1):164-171.

[98] Gao T, Sun Z Y, Yao H, et al. Identification of fabaceae plants using the DNA barcode matK[J]. Planta Medica, 2011, 77(1): 92-94.

[99] 沈慧敏,郭鸿儒,黄高宝. 不同植物对小麦、黄瓜和萝卜幼苗化感作用潜力的初步评价[J]. 应用生态学报,2005,16(4):740-743.

[100] Yan Q, Liu Z, Zhu J, et al. Structure, pattern and mechanisms of formation of seed banks in sand dune systems in northeastern Inner Mongolia, China[J]. Plant and Soil,2005,277(1):175-184.

[101] 贾文秀,金雄,王俊杰,等. 山野豌豆种子生物学特性及形态特

征研究[J]. 现代农业科技,2014,(13):69-71.

[102] 李占明,马敏,赵微,等. 山野豌豆不同生长时期营养动态变化及其对瘤胃体外发酵和甲烷产量的影响[J]. 饲料研究,2016(2):1-6.

[103] 刁治民. 青海野豌豆属植物及根瘤菌资源的研究[J]. 草业与畜牧,2000(4):41-44.

[104] 陈默君. 五种野豌豆饲用价值的初步探讨[J]. 中国草原,1986(3):43-46.

[105] Li R, Taylor S, Jenkins G. Unravelling the phylogeny of tetraploid *Vicia amoena* (Fabaceae) and its diploid relatives using chromosomal landmarks[J]. Hereditas, 2001, 134(3):219-224.

[106] Nikiforova O. Karyological study of the *Siberian* species of the genus *Vicia* L[J]. TSitologiia, 1984, 26(10):1124-1130.

[107] Li R, Gao Y. Biochemical genetic studies on wild populations of the Vicia amoena complex (tribe Vicieae: Fabaceae) [J]. Biochemical Genetics, 1998, 36(516):213-217.

[108] Liu Y, Zhang J M, Wang X G, et al. Genetic diversity in Vicia amoena (Fabaceae) germplasm resource in China using SRAP and ISSR markers[J]. Biochemical Systematics and Ecology, 2013, 51: 86-93.

[109] 卢琦,王继和,褚建民. 中国荒漠植物图鉴[M]. 北京:中国林业出版社,2012.

[110] Hallam A. An outline of Phanerozoic biogeography[M]. New York: Anthony HallamOxford, 1994.

[111] Etterson J R, Shaw R G. Constraint to adaptive evolution in response to global warming [J]. Science, 2001, 294 (5540): 151-154.

[112] Shackleton N J, Opdyke N D. Oxygen isotope and palaeomagnetic stratigraphy of equatorial pacific core V28 - 238: oxygen isotope temperatures and ice volumes on a 105 year and 106 year scale [J]. Quaternary Research, 1973, 3(1):39-55.

[113] Hewitt G M. Speciation, hybrid zones and phylogeography - or seeing genes in space and time[J]. Molecular Ecology, 2001, 10(3):

537-549.

[114] Hewitt G M. Genetic consequences of climatic oscillations in the Quaternary[J]. Philosophical Transactions of the Royal Society B-Biological Sciences, 2004, 359(1442): 183-195.

[115] Hartl D, Clark A G. Principles of population genetics [M]. Sunderland, MA: Sinauer Associates, 1997.

[116] Webb T, Bartlein P J. Global changes during the Last 3 million years - climatic controls and biotic responses[J]. Annual Review of Ecology and Systematics, 1992, 23: 141-173.

[117] Hewitt G M. Some genetic consequences of ice ages, and their role in divergence and speciation[J]. Biological Journal of the Linnean Society, 1996, 58(3): 247-276.

[118] Hewitt G. The genetic legacy of the Quaternary ice ages[J]. Nature, 2000, 405(6789): 907-913.

[119] Gugerli F, Sperisen C, Buchler U, et al. Haplotype variation in a mitochondrial tandem repeat of *Norway spruce* (*Picea abies*) populations suggests a serious founder effect during postglacial re-colonization of the western Alps. [J]. Molecular Ecology, 2001, 10(5): 1255-1263.

[120] Petit R, Aguinagalde I, De Beaulieu J L, et al. Glacial refugia: hotspots but not melting pots of genetic diversity[J]. Science, 2003, 300(5625): 1563-1565.

[121] Abbott R J, Brochmann C. History and evolution of the arctic flora: in the footsteps of Eric Hulten [J]. Molecular Ecology, 2003, 12(2): 299-313.

[122] Abbott R J, Comes H P. Evolution in the Arctic: a phylogeographic analysis of the circumarctic plant, Saxifraga oppositifolia (*Purple saxifrage*) [J]. New Phytologist, 2004, 161(1): 211-224.

[123] Avise J C, Lansman R A, Shade R O. The use of restriction endonucleases to measure mitochondrial DNA sequence relatedness in natural populations. I. Population structure and evolution in the genus Peromyscus[J]. Genetics, 1979, 92(1): 279-295.

[124] Avise J C, Arnold J, Ball R M, et al. INTRASPECIFIC PHYLO-

GEOGRAPHY: the mitochondrial DNA bridge between population genetics and systematics[J]. Annual Review of Ecology and Systematics,1987,18(1):489-522.

[125] Avise J C. Phylogeography: retrospect and prospect[J]. Journal of biogeography,2009,36(1):3-15.

[126] Avise J C. Phylogeography: the history and formation of species[M]. Harvard: Harvard university press,2000.

[127] Petit R J, Brewer S, Bordacs S, et al. Identification of refugia and post-glacial colonisation routes of European white oaks based on chloroplast DNA and fossil pollen evidence[J]. Forest ecology and management,2002,156(1/3):49-74.

[128] Petit R J, Csaikl U M, Bordacs S, et al. Chloroplast DNA variation in European white oaks. Phylogeography and patterns of diversity based on data from over 2600 populations[J]. Forest ecology and management,2002,156(1-3):5-26.

[129] Newton A C, Allnutt T R, Gillies A C, et al. Molecular phylogeography, intraspecific variation and the conservation of tree species[J]. Trends in Ecology & Evolution,1999,14(4):140-145.

[130] 周天华. 中国特有属植物——马蹄香(*Saruma henryi* Oliv.)的分子谱系地理学与遗传多样性研究[D]. 西安:西北大学,2010.

[131] Gillespie J H. Population genetics: a concise guide. by J. Gillespie[J]. Biometrics,2004,54(4):1683.

[132] 魏兴华. 中国栽培稻地方种资源等位基因地理分布及遗传多样性保护研究[D]. 杭州:浙江大学,2002.

[133] 段义忠,张得钧,高庆波,等. 窄叶鲜卑花(*Sibiraea angustata*) nrDNA ITS 和 cpDNA trnL-F 序列分子进化特点的分析[J]. 植物研究,2010,30(2):146-151.

[134] 赵欢,吴卫,郑有良,等. 核糖体 DNA ITS 序列分析在药用植物研究中的应用[J]. 时珍国医国药,2009,20(4):959-962.

[135] Hamilton M B. Four primer pairs for the amplification of chloroplast intergenic regions with intraspecific variation[J]. Molecular Ecology,1999,8(3):521-523.

[136] Taberlet P, Gielly L, Pautou G, et al. Universal primers for amplifica-

tion of three non-coding regions of chloroplast DNA[J]. Plant Molecular Biology,1991,17(5):1105-1109.

[137] Shaw J,Lickey E B,Beck J T,et al.The tortoise and the hare II:relative utility of 21 noncoding chloroplast DNA sequences for phylogenetic analysis[J]. American Journal of Botany,2005,92(1):142-166.

[138] Ge X J,Chiang Y C,Chou C H,et al.Nested clade analysis of *Dunnia sinensis*(Rubiaceae),a monotypic genus from China based on organelle DNA sequences[J]. Conservation Genetics,2002,3(4):351-362.

[139] Su Y J,Wang T,Zheng B,et al.Genetic differentiation of relictual populations of *Alsophila spinulosa* in southern China inferred from cpDNA trnL - F noncoding sequences[J]. Molecular Phylogenetics and Evolution,2005,34(2):323-333.

[140] Yuan Q J,Zhang Z Y,Peng H,et al.Chloroplast phylogeography of Dipentodon(Dipentodontaceae)in southwest China and northern Vietnam[J]. Molecular Ecology,2008,17(4):1054-1065.

[141] 张茜. 祁连圆柏的分子谱系地理学研究[D]. 兰州:兰州大学,2008.

[142] 孟丽华,杨慧玲,吴桂丽,等. 基于叶绿体 DNA trnL-F 序列研究肋果沙棘的谱系地理学[J]. 植物分类学报,2008,46(1):32-40.

[143] 孙果丽. 基于 cpDNA 序列的小叶锦鸡儿分子谱系地理学研究[D]. 北京:中国农业科学院,2015.

[144] Oppen M J,Willis B L,Vugt H W,et al.Examination of species boundaries in the *Acropora cervicornis* group (Scleractinia, cnidaria)using nuclear DNA sequence analyses[J]. Molecular Ecology,2000,9(9):1363-1373.

[145] Zane L,Bargelloni L,Patarnello T. Strategies for microsatellite isolation:a review[J]. Molecular Ecology,2002,11(1):1-16.

[146] 白伟宁,张大勇. 植物亲缘地理学的研究现状与发展趋势[J]. 生命科学,2014,26(2):125-137.

[147] Wang Y H,Jiang W M,Comes H P,et al.Molecular phylogeography and ecological niche modelling of a widespread herbaceous climber,

Tetrastigma hemsleyanum(Vitaceae):insights into Plio-Pleistocene range dynamics of evergreen forest in subtropical China[J]. New Phytologist,2015,206(2):852-867.

[148] Qi X S,Chen C,Comes H P,et al.Molecular data and ecological niche modelling reveal a highly dynamic evolutionary history of the East Asian Tertiary relict Cercidiphyllum (Cercidiphyllaceae) [J]. New Phytol,2012,196(2):617-630.

[149] 郭荣华. 我国南方区玉米地方品种遗传多样性研究与群体结构分析[D]. 雅安:四川农业大学,2008.

[150] Schuelke M. An economic method for the fluorescent labeling of PCR fragments[J]. Nature Biotechnology,2000,18(2):233-234.

[151] Reif J C,Hamrit S,Heckenberger M,et al.Trends in genetic diversity among European maize cultivars and their parental components during the past 50 years[J]. Theoretical and Applied Genetics,2005,111(5):838-845.

[152] Yu Y, Wang R, Shi Y, et al. Genetic diversity and structure of the core collection for maize inbred lines in China[J]. Maydica,2007,52(2):181-194.

[153] Chao S,Zhang W,Dubcovsky J,et al.Evaluation of genetic diversity and genome - wide linkage disequilibrium among U. S. wheat (L.)germplasm representing different market classes[J]. Crop Science,2007,47(3):1018-1030.

[154] Gómez-Zurita J,Vogler A P. Incongruent nuclear and mitochondrial phylogeographic patterns in the Timarcha goettingensis species complex (Coleoptera, Chrysomelidae) [J]. Journal of Evolutionary Biology,2003,16(5):833-843.

[155] Grundmann M,Ansell S W,Russell S J,et al.Genetic structure of the widespread and common Mediterranean bryophyte *Pleurochaete squarrosa*(Brid.)Lindb. (Pottiaceae)-evidence from nuclear and plastidic DNA sequence variation and allozymes[J]. Molecular Ecology,2007,16(4):709-722.

[156] 王一涵. 葡萄科药用植物三叶崖爬藤的亲缘地理学和分子鉴定研究[D]. 杭州:浙江大学,2016.

[157] Bai W N, Wang W T, Zhang D Y. Contrasts between the phylogeographic patterns of chloroplast and nuclear DNA highlight a role for pollen-mediated gene flow in preventing population divergence in an East Asian temperate tree[J]. Molecular Phylogenetics and Evolution, 2014, 81: 37-48.

[158] Bonatelli I A, Perez M F, Peterson A T, et al. Interglacial microrefugia and diversification of a cactus species complex: phylogeography and palaeodistributional reconstructions for Pilosocereus aurisetus and allies [J]. Molecular Ecology, 2014, 23 (12): 3044-3063.

[159] Rogers S O, Bendich A J. Extraction of DNA from milligram amounts of fresh, herbarium and mummified plant tissues[J]. Plant molecular biology, 1985, 5(2): 69-76.

[160] 徐超. 植物DNA条形码关键试验技术优化[D]. 北京:中国科学院大学,2014.

[161] Cheng T, Xu C, Lei L, et al. Barcoding the kingdom Plantae: new PCR primers for ITS regions of plants with improved universality and specificity [J]. Molecular Ecology Resources, 2016, 16 (1): 138-149.

[162] Sang T, Crawford D J, Stuessy T F. Chloroplast DNA phylogeny, reticulate evolution, and biogeography of Paeonia (Paeoniaceae) [J]. American Journal of Botany, 1997, 84(8): 1120-1136.

[163] Yu J, Xue J, Zhou S. New universal matK primers for DNA barcoding angiosperms[J]. Journal of Systematics and Evolution, 2011, 49 (3): 176-181.

[164] Demesure B, Sodzi N, Petit R J. A set of universal primers for amplification of polymorphic non - coding regions of mitochondrial and chloroplast DNA in plants [J]. Molecular Ecology, 1995, 4: 129-131.

[165] Dong W P, Xu C, Cheng T, et al. Sequencing angiosperm plastid genomes made easy: a complete set of universal primers and a case study on the phylogeny of Saxifragales[J]. Genome Biology and Evolution, 2013, 5(5): 989-997.

[166] Cheng Y P, Hwang S Y, Lin T P. Potential refugia in Taiwan revealed by the phylogeographical study of Castanopsis carlesii Hayata(Fagaceae)[J]. Molecular Ecology, 2010, 14(7): 2075-2085.

[167] Tate J A. Systematics and evolution of Tarasa Philippi(Malvaceae): an enigmatic Andean polyploid genus[D]. Avstin: The University of Texas at Austin, 2002.

[168] Johnson L A, Soltis D E. matK DNA sequences and phylogenetic reconstruction in Saxifragaceae s. str[J]. Systematic Botany, 1994, 19(1): 143-156.

[169] Xu D H, Abe J, Sakai M, et al. Sequence variation of non-coding regions of chloroplast DNA of soybean and related wild species and its implications for the evolution of different chloroplast haplotypes [J]. Theoretical and Applied Genetics, 2000, 101(5): 724-732.

[170] Chiang T Y, Schaal B A, Peng C I. Universal primers for amplification and sequencing a noncoding spacer between the atpB and rbcL genes of chloroplast DNA[J]. Botanical Bulletin of Academia Sinica, 1998, 39(4): 245-250.

[171] Dumolin-Lapegue S, Pemonge M H, Petit R J. An enlarged set of consensus primers for the study of organelle DNA in plants [J]. Molecular Ecology, 1997, 6(4): 393-397.

[172] Oxelman B, Liden M, Berglund D. Chloroplast rps16 intron phylogeny of the tribe Sileneae(Caryophyllaceae)[J]. Plant Systematics and Evolution, 1997, 206: 393-410.

[173] Small R L, Ryburn J A, Cronn R C, et al. The tortoise and the hare: choosing between noncoding plastome and nuclear Adh sequences for phylogeny reconstruction in a recently diverged plant group [J]. American Journal of Botany, 1998, 85(9): 1301-1315.

[174] Shaw J, Lickey E B, Schilling E E, et al. Comparison of whole chloroplast genome sequences to choose noncoding regions for phylogenetic studies in angiosperms: the tortoise and the hare Ⅲ[J]. American Journal of Botany, 2007, 94(3): 275-288.

[175] Katoh K, Standley D M. MAFFT multiple sequence alignment software version 7: improvements in performance and usability [J]. Molecular Biology and Evolution, 2013, 30(4): 772-780.

[176] Kumar S, Stecher G, Tamura K. MEGA7: molecular evolutionary genetics analysis version 7.0 for bigger datasets[J]. Molecular Biology and Evolution, 2016, 33(7): 1870-1874.

[177] Rozas J, Ferrer-Mata A, Sánchez-Delbarrio J C, et al. DnaSP 6: DNA sequence polymorphism analysis of large data sets[J]. Molecular Biology and Evolution, 2017, 34(12): 3299-3302.

[178] Meier R, Shiyang K, Vaidya G, et al. DNA barcoding and taxonomy in diptera: a tale of high intraspecific variability and low identification success[J]. Systematic Biology, 2006, 55(5): 715-728.

[179] Krawczyk K, Szczecinska M, Sawicki J. Evaluation of 11 single-locus and seven multilocus DNA barcodes in *Lamium* L. (Lamiaceae) [J]. Molecular Ecology Resources, 2014, 14(2): 272-285.

[180] Li Q, Wu J, Wang Y, et al. The phylogenetic analysis of Dalbergia (Fabaceae: Papilionaceae) based on different DNA barcodes [J]. Holzforschung, 2017, 71(12): 939-949.

[181] Gogoi B, Bhau B S. DNA barcoding of the genus Nepenthes (Pitcher plant): a preliminary assessment towards its identification[J]. BMC Plant Biology, 2018, 18(1): 153.

[182] Brown S D, Collins R A, Boyer S, et al. Spider: an R package for the analysis of species identity and evolution, with particular reference to DNA barcoding[J]. Molecular Ecology Resources, 2012, 12(3): 562-565.

[183] Nguyen L T, Schmidt H A, Von Haeseler A, et al. IQ-TREE: a fast and effective stochastic algorithm for estimating Maximum-Likelihood phylogenies[J]. Molecular Biology and Evolution, 2015, 32(1): 268-274.

[184] Felsenstein J. Confidence limits on phylogenies: an approach using the bootstrap[J]. Evolution, 1985, 39(4): 783-791.

[185] Newmaster S G, Ragupathy S. Testing plant barcoding in a sister species complex of pantropical Acacia (Mimosoideae, Fabaceae)

[J]. Molecular Ecology Resources,2009,9(S2):172-180.

[186] Starr J R, Naczi R F C, Chouinard B N. Plant DNA barcodes and species resolution in sedges(Carex,Cyperaceae)[J]. Molecular Ecology Resources,2009,9(Suppl. 1):151-163.

[187] Pettengill J B,Neel M C. An evaluation of candidate plant DNA barcodes and assignment methods in diagnosing 29 species in the genus Agalinis(Orobanchaceae)[J]. American Journal of Botany,2010,97(8):1391-1406.

[188] Maxted N. A phenetic investigation of *Vicia* L. subgenus *Vicia*(Leguminosae,Vicieae)[J]. Botanical Journal of the Linnean Society, 1993,111(2):155-182.

[189] Van De Wouw M, Maxted N, Ford - Lloyd B V. A multivariate and cladistic study of *Vicia* L. ser. *Vicia*(Fabaceae)based on analysis of morphological characters[J]. Plant Systematics and Evolution, 2003,237(1-2):19-39.

[190] Raveendar S, Lee J R, Shim D, et al. Comparative efficacy of four candidate DNA barcode regions for identification of Vicia species[J]. Plant Genetic Resources - Characterization and Utilization,2015,15(4):286-295.

[191] Pang X, Liu C, Shi L, et al. Utility of the trnH - psbA intergenic spacer region and its combinations as plant DNA barcodes:a meta-analysis[J]. Plos One,2012,7(11):e48833.

[192] Bolson M Y,Smidt E D C,Brotto M L,et al.ITS and trnH-psbA as efficient DNA barcodes to identify threatened commercial woody angiosperms from southern Brazilian Atlantic Rainforests[J]. Plos One,2015,10(12):e0143049.

[193] Yang Z,Rannala B. Bayesian species identification under the multispecies coalescent provides significant improvements to DNA barcoding analyses[J]. Molecular Ecology,2017,26(11):3028-3036.

[194] Gu J,Su J,Lin R,et al.Testing four proposed barcoding markers for the identification of species within *Ligustrum* L. (Oleaceae)[J]. Journal of Systematics and Evolution,2011,49(3):213-224.

[195] Li D Z,Gao L M,Li H T,et al.Comparative analysis of a large

dataset indicates that internal transcribed spacer(ITS) should be incorporated into the core barcode for seed plants[J]. Proceedings of the National Academy of Sciences USA, 2011, 108 (49): 19641-19646.

[196] Liu J, Moller M, Gao L M, et al. DNA barcoding for the discrimination of Eurasian yews (*Taxus* L., Taxaceae) and the discovery of cryptic species[J]. Molecular Ecology Resources, 2011, 11 (1): 89-100.

[197] Lv T, Teng R, Shao Q, et al. DNA barcodes for the identification of *Anoectochilus roxburghii* and its adulterants[J]. Planta, 2015, 242 (5): 1167-1174.

[198] Birch J L, Walsh N G, Cantrill D J, et al. Testing efficacy of distance and tree-based methods for DNA barcoding of grasses (*Poaceae tribe* Poeae) in Australia[J]. PloS One, 2017, 12(10): e0186259.

[199] Endo Y, Choi B H, Ohashi H, et al. Phylogenetic relationships of new world vicia (Leguminosae) inferred from nrDNA internal transcribed spacer sequences and floral characters[J]. Systematic Botany, 2008, 33(2): 356-363.

[200] Pang X H, Song J Y, Zhu Y J, et al. Using DNA barcoding to identify species within euphorbiaceae[J]. Planta Medica, 2010, 76(15): 1784-1786.

[201] Hollingsworth P M, Li D Z, Van Der Bank M, et al. Telling plant species apart with DNA: from barcodes to genomes[J]. Philosophical Transactions of the Royal Society B: Biological Sciences, 2016, 371 (1702): 20150338.

[202] Liu J, Milne R I, Moller M, et al. Integrating a comprehensive DNA barcode reference library with a global map of yews (*Taxus* L.) for forensic identification[J]. Molecular Ecology Resources, 2018, 18 (5): 1115-1131.

[203] Xiang X G, Hu H, Wang W, et al. DNA barcoding of the recently evolved genus Holcoglossum (Orchidaceae: Aeridinae): a test of DNA barcode candidates[J]. Molecular Ecology Resources, 2011, 11 (6): 1012-1021.

[204] Yan H F, Hao G, Hu C M, et al. DNA barcoding in closely related species: a case study of *Primula* L. sect. Proliferae Pax (Primulaceae) in China[J]. Journal of Systematics and Evolution, 2011, 49 (3): 225-236.

[205] Zhang C Y, Wang F Y, Yan H F, et al. Testing DNA barcoding in closely related groups of *Lysimachia* L. (Myrsinaceae) [J]. Molecular Ecology Resources, 2012, 12(1): 98-108.

[206] Yan L J, Liu J, Möller M, et al. DNA barcoding of Rhododendron (Ericaceae), the largest Chinese plant genus in biodiversity hotspots of the Himalaya-Hengduan Mountains [J]. Molecular Ecology Resources, 2015, 15(4): 932-944.

[207] De Vere N, Rich T C, Ford C R, et al. DNA barcoding the native flowering plants and conifers of Wales [J]. PloS One, 2012, 7 (6): e37945.

[208] Piredda R, Simeone M C, Attimonelli M, et al. Prospects of barcoding the Italian wild dendroflora: oaks reveal severe limitations to tracking species identity[J]. Molecular Ecology Resources, 2011, 11(1): 72-83.

[209] Yang J, Vazquez L, Chen X, et al. Development of chloroplast and nuclear DNA markers for Chinese oaks (Quercus Subgenus Quercus) and assessment of their utility as DNA barcodes[J]. Frontiers in Plant Science, 2017, 8: 816.

[210] Yang J B, Wang Y P, Moeller M, et al. Applying plant DNA barcodes to identify species of Parnassia (Parnassiaceae) [J]. Molecular Ecology Resources, 2012, 12(2): 267-275.

[211] Mattio L, Payri C. Assessment of five markers as potential barcodes for identifying Sargassum subgenus Sargassum species (Phaeophyceae, Fucales) [J]. Cryptogamie Algologie, 2010, 31(4): 467-485.

[212] Potokina E, Vaughan D A, Eggi E E, et al. Population diversity of the Vicia sativa agg. (Fabaceae) in the flora of the former USSR deduced from RAPD and seed protein analyses [J]. Genetic Resources and Crop Evolution, 2000, 47(2): 171-183.

[213] Swofford D. PAUP: phylogenetic analysis using parsimony, version

4. 0 b10[J],2003(6):9.

[214] Maddison W P. Squared-change parsimony reconstructions of ancestral states for continuous-valued characters on a phylogenetic tree [J]. Systematic Zoology,1991,40(3):304-314.

[215] Zohary D, Plitmann U. Chromosome polymorphism, hybridization and colonization in the *Vicia sativa* group(Fabaceae)[J]. Plant Systematics and Evolution,1979,131(1):143-156.

[216] Shiran B,Raina S N. Evidence of rapid evolution and incipient speciation in *Vicia sativa* species complex based on nuclear and organellar RFLPs and PCR analysis[J]. Genetic Resources and Crop Evolution,2001,48(5):519-532.

[217] Bechkri S,Khelifi D. Variation in *Vicia sativa* s. l. from Algeria based on morphological characters and ecogeographic parameters[J]. Genetic Resources and Crop Evolution,2017,64(4):815-832.

[218] Diklic N, *Vicia* L. In: Josifovic, M. (Ed.). Flora SR Srbije. [M]. 4. Srpska akademija nauka i umetnosti,1972.

[219] SoÓR A. Magyar flora es vegetacio rendszertani novenyfoldrajzikezi konyve.[M]. 2. Budapest:Akademiai Kiado,1996.

[220] Van De Wouw M,Maxted N,Chabane K,et al.Molecular taxonomy of Vicia ser. Vicia based on amplified fragment length polymorphisms [J]. Plant Systematics and Evolution,2001,229(1-2):91-105.

[221] Leht M. Phylogenetics of Vicia(Fabaceae) based on morphological data[J]. Feddes Repertorium,2009,120(7-9):379-393.

[222] Douglas C, Maxted N. A phenetic investigation of "Vicia" section "Hypechusa" (Alef.) Ascher & Graebner("Leguminosae, Papilionoideae,Vicieae")[J]. Lagascalia,1997,19(1):345-370.

[223] Caputo P, Frediani M, Venora G, et al. Nuclear DNA contents, rDNAs,and karyotype evolution in subgenus Vicia: Ⅲ. The heterogeneous section Hypechusa[J]. Protoplasma, 2006, 228(4): 167-177.

[224] Ruffini Castiglione M, Frediani M, Gelati M T, et al. Cytological and molecular characterization of *Vicia esdraelonensis* Warb. & Eig: a rare taxon[J]. Protoplasma,2007,231(3):151-159.

[225] Jaaska V. Isoenzyme diversity and phylogenetic affinities in *Vicia subgenus* Vicia (Fabaceae) [J]. Genetic Resources and Crop Evolution, 1997, 44(6): 557-574.

[226] Ruffini Castiglione M, Frediani M, Gelati M T, et al. Cytology of Vicia species. X. Karyotype evolution and phylogenetic implication in Vicia species of the sections Atossa, Microcarinae, Wiggersia and Vicia[J]. Protoplasma, 2011, 248(4): 707-716.

[227] Frediani M, Maggini F, Gelati M T, et al. Repetitive DNA sequences as probes for phylogenetic analysis in Vicia genus[J]. Caryologia, 2004, 57(4): 379-386.

[228] Jaaska V. Isozyme variation and phylogenetic relationships in *Vicia subgenus* Cracca (Fabaceae) [J]. Annals of Botany, 2005, 96(6): 1085-1096.

[229] Leht M. Cladistic and phenetic analyses of relationships in *Vicia subgenus* Cracca (Fabaceae) based on morphological data[J]. Taxon, 2005, 54(4): 1023-1032.

[230] Abozeid A, Liu Y, Liu J, et al. Taxonomic implication of embryo micromorphology in the genus *Vicia* L. (Fabaceae)[J]. Plant Systematics and Evolution, 2018, 304(1): 33-42.

[231] Endo Y, Ohashi H. The infragenetic position of east Asian species of Vicia (Leguminosae) [J]. Journal of Japanese Botany, 1996, 71: 254-262.

[232] Schaefer H, Hechenleitner P, Santos-Guerra A, et al. Systematics, biogeography, and character evolution of the legume tribe Fabeae with special focus on the middle-Atlantic island lineages[J]. BMC Evolutionary Biology, 2012, 12(1): 250-268.

[233] Tzvelev N. Systema specierum generis *Vicia* L. in parte Europaea URSS[J]. Novitates systematicae plantarum vascularium, 1980, 17: 200-208.

[234] Yamamoto K, Plitmann U. Isozyme polymorphism in species of the genus Vicia (Leguminosae) [J]. Japanese Journal of Genetics, 1980, 55(3): 151-164.

[235] Radzhi A. Konspekt sistemy kavkazskikh vidov roda *Vicia* L. (Con-

spectus systematis specierum caucasicarum generis *Vicia* L.) [J]. Novosti Sist. Vyssh. Rast,1970,7:228-240.

[236] Steele K P,Wojciechowski M F. Phylogenetic analyses of tribes Trifolieae and Vicieae, based on sequences of the plastid gene matK (Papilionoideae: Leguminosae), Klitgaard B B, Bruneau A, editor, Advances in Legume Systematics: Royal Botanic Gardens, Kew, 2003:355-370.

[237] Han Y,Wang H Y. Genetic diversity and phylogenetic relationships of two closely related northeast China Vicia species revealed with RAPD and ISSR markers[J]. Biochemical Genetics,2010,48(5-6):385-401.

[238] Bankevich A, Nurk S, Antipov D, et al.SPAdes: a new genome assembly algorithm and its applications to single - cell sequencing [J]. Journal of Computational Biology,2012,19(5):455-477.

[239] Bandelt H J, Forster P, Rohl A. Median - joining networks for inferring intraspecific phylogenies [J]. Molecular Biology & Evolution,1999,16(1):37-48.

[240] Van Puyvelde K, Van Geert A, Triest L. ATETRA, a new software program to analyse tetraploid microsatellite data: comparison with TETRA and TETRASAT[J]. Molecular Ecology Resources,2010,10(2):331-334.

[241] Clark L V,Jasieniuk M. POLYSAT: an R package for polyploid microsatellite analysis[J]. Molecular Ecology Resources,2011,11(3): 562-566.

[242] Clark L V,Schreier A D. Resolving microsatellite genotype ambiguity in populations of allopolyploid and diploidized autopolyploid organisms using negative correlations between allelic variables [J]. Molecular Ecology Resources,2017,17(5):1090-1103.

[243] 郭俊杰. 异质景观中西南桦天然种群的空间遗传结构与过程解析[D]. 北京:中国林业科学研究院,2016.

[244] Peakall R, Smouse P E. GenAlEx 6.5: genetic analysis in Excel. Population genetic software for teaching and research—an update[J]. Bioinformatics,2012,28(19):2537-2539.

[245] Pritchard J K, Stephens M, Donnelly P. Inference of population structure using multilocus genotype data[J]. Genetics, 2000, 155(2): 945-959.

[246] Falush D, Stephens M, Pritchard J K. Inference of population structure using multilocus genotype data: linked loci and correlated allele frequencies[J]. Genetics, 2003, 164(4): 1567-1587.

[247] Falush D, Stephens M, Pritchard J K. Inference of population structure using multilocus genotype data: dominant markers and null alleles[J]. Molecular Ecology Notes, 2007, 7(4): 574-578.

[248] Hubisz M J, Falush D, Stephens M, et al. Inferring weak population structure with the assistance of sample group information [J]. Molecular Ecology Resources, 2009, 9(5): 1322-1332.

[249] Earl D A. STRUCTURE HARVESTER: a website and program for visualizing STRUCTURE output and implementing the Evanno method[J]. Conservation Genetics Resources, 2012, 4(2): 359-361.

[250] Rosenberg N A. DISTRUCT: a program for the graphical display of population structure[J]. Molecular Ecology Notes, 2004, 4(1): 137-138.

[251] Soltis D E, Johnson L A, Looney C. Discordance between ITS and chloroplast topologies in the Boykinia group (Saxifragaceae) [J]. Systematic botany, 1996, 21(2): 169-185.

[252] 刘祥君，丁美美．东北地区野豌豆属植物花生物学和繁育系统研究[J]. 植物研究，1997，17(4)：421-430.

[253] Plitmann U, Kislev M. Reproductive changes induced by domestication [J]. Advances in legume biology. St. Louis: Missouri Botanical Garden, 1989, 487: 503.

[254] 刘颖．基于 SRAP 和 ISSR 的山野豌豆种质资源遗传多样性分析[D].广州：华南农业大学，2012.

附　　录

附表 1　试验所用野豌豆属植物材料详细信息

种（亚种）	材料来源	凭证标本号（种子编号）	经度（E）	纬度（N）	采集地点	GenBank 号					
						ITS1	ITS2	*mat*K	*rbc*L	*trn*H-*psb*A	*trn*L-*trn*F
V. amoena	中国科学院植物所标本馆（中国北京）	BOP011356	121°28′ 32.9982″	50°46′ 54.9984″	内蒙古自治区根河市	MH547898	MH547985				
V. amoena	中国科学院植物所标本馆（中国北京）	BOP106870	125°58′57.69″	41°44′39.39″	吉林省通化市	MH547899	MH547986				
V. amoena	国家草种质资源库	GS3744	108°17′56″	35°07′54″	陕西省栒邑县	MH547900	MH547987	MH548170	MH548207		MH548119
V. amoena	国家草种质资源库	HB2014-042	114°3′34.38″	31°49′25.14″	河南省信阳市	MH547901	MH547988	MH548171			
V. amoena	国家草种质资源库	JL06-050	123°31.330′	44°35.991′	吉林省长岭县	MH547902	MH547989	MH548172	MH548208		MH548120
V. amoena	国家草种质资源库	JL10-028	126°42.6′	43°35.6′	吉林省旺起镇	MH547903	MH547990		MH548209		MH548121

（续表）

种（亚种）	材料来源	凭证标本号（种子编号）	经度（E）	纬度（N）	采集地点	GenBank 号					
						ITS1	ITS2	*mat*K	*rbc*L	*trn*H-*psb*A	*trn*L-*trn*F
V. amoena	国家草种质资源库	YN2007-129	103°15′17.06″	25°33′40.13″	云南省寻甸县	MH547904	MH547991		MH548210		MH548122
V. amoena	国家草种质资源库	zhongxu-551	115°29′16.68″	40°0′55.63″	北京市灵山	MH547905	MH547992		MH548211		MH548123
V. amurensis	国家草种质资源库	JL15-072	126°52′	42°03′	吉林省白山市江源区	MH547906	MH547993	MH548173	MH548212	MH548075	MH548124
V. amurensis	国家草种质资源库	XJ06-178	87°27′48″	48°31′50″	新疆维吾尔自治区禾木	MH547907	MH547994	MH548174	MH548213	MH548076	MH548125
V. amurensis	国家草种质资源库	zhongxu-2014	113°45′56″	38°55′19″	山西省五台县	MH547908	MH547995	MH548175	MH548214	MH548077	MH548126
V. baicalensis	中国科学院植物所标本馆（中国北京）	BOP106909	112°24′21.79″	54°49′59.21″	俄罗斯 Buriatia	MH547909	MH547996				
V. bungei	国家草种质资源库	GS2076	105°5′2″	35°40′24″	甘肃省会宁县	MH547910	MH547997	MH548176	MH548215		MH548127
V. bungei	国家草种质资源库	GS2694	105°05′00″	35°41′00″	甘肃省会宁县	MH547911	MH547998	MH548177			
V. bungei	国家草种质资源库	GS4053	103°10′59″	34°04′58″	甘肃省迭部县	MH547912	MH547999	MH548178	MH548216	MH548078	
V. bungei	国家草种质资源库	GS4674	105°03′24″	35°31′08″	甘肃省通渭县	MH547913	MH548000	MH548179			

（续表）

种（亚种）	材料来源	凭证标本号（种子编号）	经度（E）	纬度（N）	采集地点	GenBank 号					
						ITS1	ITS2	*mat*K	*rbc*L	*trn*H-*psb*A	*trn*L-*trn*F
V. bungei	国家草种质资源库	SC2009-172	102°59′17.62″	32°03′51.06″	四川省黑水县	MH547914	MH548001		MH548217	MH548079	MH548128
V. bungei	国家草种质资源库	zhongxu-668	116°13′24″	40°10′18″	北京市昌平区	MH547915	MH548002	MH548180	MH548218	MH548080	MH548129
V. chinensis	中国科学院植物所标本馆（中国北京）	BOP107056	108°26′47.00″	29°28′57.42″	重庆市巫溪县	MH547916	MH548003				
V. costata	中国科学院植物所标本馆（中国北京）	BOP106951	88°47′23.29″	47°57′50.80″	新疆维吾尔自治区阿勒泰市		MH548004				
V. cracca	国家草种质资源库	E1039	110°36′00″	31°42′00″	湖北省松柏镇	MH547917	MH548005	MH548181	MH548219	MH548081	MH548130
V. cracca	国家草种质资源库	SCH014	104°15′4.55″	31°27′17.78″	四川省绵竹市	MH547918	MH548006		MH548220	MH548082	MH548131
V. cracca	国家草种质资源库	SCH03-229	102°14′11.87″	29°55′30.24″	四川省泸定县	MH547919	MH548007	MH548182	MH548221	MH548083	MH548132
V. cracca	国家草种质资源库	SCH2003-404	105°57′52.14″	32°19′34.19″	四川省广元市	MH547920	MH548008	MH548183	MH548222	MH548084	MH548133
V. cracca	作者课题组收集	Shanxi22-1	107°41′28.359″	34°4′44.4″	陕西省宝鸡市	MH547921	MH548009		MH548223	MH548085	MH548134
V. dichroantha	中国科学院植物所标本馆（中国北京）	BOP106972	101°16′45.78″	27°55′24.76″	四川省木里县	MH547922	MH548010				

（续表）

种（亚种）	材料来源	凭证标本号（种子编号）	经度（E）	纬度（N）	采集地点	GenBank 号					
						ITS1	ITS2	*mat*K	*rbc*L	*trn*H-*psb*A	*trn*L-*trn*F
V. faba	中国科学院植物所标本馆（中国北京）	BOP022529	121°39′16.9992″	50°51′20.001″	内蒙古自治区根河市	MH547923	MH548011				
V. hirsuta	国家草种质资源库	HB2009-126	114°4′55.9308″	31°48′9.363″	河南省信阳市	MH547924	MH548012		MH548224	MH548086	MH548135
V. hirsuta	国家草种质资源库	HB2009-289	113°22′21.58″	31°41′39.46″	湖北省随州市	MH547925	MH548013		MH548225	MH548087	MH548136
V. hirsuta	国家草种质资源库	HB2012-461	112°34′37.14″	31°10′16.07″	湖北省钟祥市	MH547926	MH548014	MH548184	MH548226	MH548088	MH548137
V. hirsuta	国家草种质资源库	SC2008-261	105°50′11.89″	32°26′5.60″	四川省广元市	MH547927	MH548015		MH548227	MH548089	MH548138
V. hirsuta	国家草种质资源库	SCH2004-471	102°48′7.42″	30°02′3.21″	四川省天全县	MH547928	MH548016	MH548185			
V. japonica	中国科学院植物所标本馆（中国北京）	BOP106881	127°57′14.35″	42°20′59.92″	吉林省长白山		MH548017				
V. japonica	作者课题组收集	Shanxi24-2	107°41′28.359″	34°4′44.4″	陕西省宝鸡市	MH547929	MH548018		MH548228	MH548090	MH548139
V. japonica	黑龙江农科院	Z1515	125°18′13.6296″	46°3′14.781″	黑龙江省肇东市	MH547930	MH548019		MH548229	MH548091	MH548140

（续表）

种（亚种）	材料来源	凭证标本号（种子编号）	经度（E）	纬度（N）	采集地点	GenBank 号					
						ITS1	ITS2	*mat*K	*rbc*L	*trn*H-*psb*A	*trn*L-*trn*F
V. kioshanica	中国科学院植物所标本馆（中国北京）	BOP107029	108°41′39.90″	35°20′8.29″	陕西省栒邑县	MH547931	MH548020				
V. kulingana	中国科学院植物所标本馆（中国北京）	BOP107036	112°41′49.12″	27°16′51.76″	湖南省衡山	MH547932	MH548021				
V. latibracteolata	中国科学院植物所标本馆（中国北京）	BOP107038	109°40′25.11″	33°47′56.88″	陕西省商洛市	MH547933	MH548022				
V. lilacina	中国科学院植物所标本馆（中国北京）	BOP107044	88°07′33.15″	47°50′52.79″	新疆维吾尔自治区阿勒泰市	MH547934	MH548023				
V. megalotropis	中国科学院植物所标本馆（中国北京）	BOP107052	105°24′51.80″	32°43′44.95″	甘肃省文县	MH547935	MH548024				
V. megalotropis	中国科学院植物所标本馆（中国北京）	BOP107053	104°49′6.69″	32°47′37.10″	甘肃省文县	MH547936	MH548025				
V. megalotropis	中国科学院植物所标本馆（中国北京）	BOP107054	105°06′29.86″	32°43′57.46″	甘肃省文县	MH547937	MH548026				

（续表）

种（亚种）	材料来源	凭证标本号（种子编号）	经度（E）	纬度（N）	采集地点	GenBank 号					
						ITS1	ITS2	*mat*K	*rbc*L	*trn*H-*psb*A	*trn*L-*trn*F
V. multicaulis	国家草种质资源库	SCH2003-527	102°56′11. 10″	33°35′35. 03″	四川省若尔盖县	MH547938	MH548027		MH548230		MH548141
V. multicaulis	国家草种质资源库	SCH2005-044	103°35′48. 55″	32°38′25. 98″	四川省松潘县	MH547939	MH548028	MH548186	MH548231		MH548142
V. narbonensis	国家草种质资源库	JS0078	118°47′20. 61″	32°03′40. 10″	江苏省南京市	MH547940	MH548029	MH548187	MH548232	MH548092	MH548143
V. nummularia	中国科学院植物所标本馆（中国北京）	BOP107071	102°51′48. 96″	30°36′38. 16″	四川省宝兴县	MH547941	MH548030				
V. nummularia	中国科学院植物所标本馆（中国北京）	BOP107073	94°12′43. 40″	29°13′8. 68″	西藏自治区米林县	MH547942	MH548031				
V. ohwiana	中国科学院植物所标本馆（中国北京）	BOP107076	128°06′43. 00″	42°24′37. 40″	吉林省安图县	MH547943	MH548032				
V. pannonica	作者课题组收集	SAI1	21°0′21. 09″	44°0′59. 48″	塞尔维亚	MH547944	MH548033		MH548233	MH548093	MH548144
V. perelegans	中国科学院植物所标本馆（中国北京）	BOP107090	104°24′48. 38″	33°09′48. 71″	甘肃省文县	MH547945	MH548034				

（续表）

种（亚种）	材料来源	凭证标本号（种子编号）	经度（E）	纬度（N）	采集地点	GenBank 号					
						ITS1	ITS2	*mat*K	*rbc*L	*trn*H-*psb*A	*trn*L-*trn*F
V. pseudorobus	中国科学院植物所标本馆（中国北京）	BOP011173	121°36′1.0008″	50°50′44.0016″	内蒙古自治区根河市	MH547946	MH548035				
V. pseudorobus	国家草种质资源库	JL09066	126°45.1′	43°34.7′	吉林省旺起镇	MH547947	MH548036		MH548234	MH548094	MH548145
V. pseudorobus	国家草种质资源库	JL10-031	126°40.4′	43°27.0′	吉林省旺起镇	MH547948	MH548037	MH548188			
V. pseudorobus	国家草种质资源库	JL14-011	126°54′	42°30′	吉林省靖宇县	MH547949	MH548038	MH548189	MH548235	MH548095	MH548146
V. pseudorobus	国家草种质资源库	zhongxu-1142	116°13′24″	40°10′18″	北京市昌平区	MH547950	MH548039		MH548236	MH548096	MH548147
V. ramuliflora	中国科学院植物所标本馆（中国北京）	BOP011199	121°36′1.0008″	50°50′44.0016″	内蒙古自治区根河市	MH547951	MH548040				
V. sativa subsp. *nigra*	国家草种质资源库	E1044	110°36′00″	31°42′00″	湖北省松柏镇	MH547952	MH548041	MH548190	MH548237	MH548097	MH548148
V. sativa subsp. *nigra*	国家草种质资源库	E136	114°19′10.89″	30°29′11.47″	湖北省武汉市	MH547953	MH548042	MH548191	MH548238	MH548098	MH548149
V. sativa subsp. *nigra*	国家草种质资源库	E228	110°09′41.69″	31°26′29.40″	湖北省武汉市	MH547954	MH548043	MH548192	MH548239	MH548099	MH548150

（续表）

种（亚种）	材料来源	凭证标本号（种子编号）	经度（E）	纬度（N）	采集地点	GenBank 号					
						ITS1	ITS2	*mat*K	*rbc*L	*trn*H-*psb*A	*trn*L-*trn*F
V. sativa subsp. *nigra*	国家草种质资源库	GS397	102°50′	34°54′	北京市百花山	MH547955	MH548044	MH548193	MH548240	MH548100	MH548151
V. sativa subsp. *nigra*	国家草种质资源库	JS0079	118°47′12. 81″	32°03′42. 00″	江苏省南京市	MH547956	MH548045	MH548194	MH548241	MH548101	MH548152
V. sativa subsp. *nigra*	国家草种质资源库	SCH2003-379	105°49′33. 27″	32°26′21. 11″	四川省广元市	MH547957	MH548046	MH548195	MH548242	MH548102	MH548153
V. sativa	国家草种质资源库	GS200016	103°22′50. 21″	36°49′11. 41″	甘肃省永登县	MH547958	MH548047	MH548196	MH548243	MH548103	MH548154
V. sativa	国家草种质资源库	SCH30	102°32′34. 11″	32°47′35. 36″	四川省红原县	MH547959	MH548048	MH548197	MH548244	MH548104	MH548155
V. sepium	中国科学院植物所标本馆（中国北京）	BOP107128	103°15′52. 65″	35°17′50. 94″	甘肃省和政县	MH547960	MH548049				
V. sepium	中国科学院植物所标本馆（中国北京）	BOP107129	103°44′58. 57″	34°58′43. 92″	甘肃省康乐县	MH547961	MH548050				
V. sepium	中国科学院植物所标本馆（中国北京）	BOP107130	83°0′9. 84″	46°11′49. 26″	新疆维吾尔自治区托里县	MH547962	MH548051				
V. sepium	中国科学院植物所标本馆（中国北京）	BOP107153	114°12′9. 35″	31°54′18. 25″	河南省罗山县	MH547963	MH548052				

（续表）

种（亚种）	材料来源	凭证标本号（种子编号）	经度（E）	纬度（N）	采集地点	GenBank 号					
						ITS1	ITS2	*mat*K	*rbc*L	*trn*H-*psb*A	*trn*L-*trn*F
V. taipaica	中国科学院植物所标本馆（中国北京）	BOP107134	108°18′33.71″	33°18′44.97″	陕西省宁陕县		MH548053				
V. tetrasperma	国家草种质资源库	E1260	110°39′23.38″	31°44′56.53″	湖北省松柏镇	MH547964	MH548054		MH548245	MH548105	MH548156
V. tetrasperma	国家草种质资源库	E227	114°23′16.68″	30°35′12.33″	湖北省武汉市	MH547965	MH548055	MH548198	MH548246	MH548106	MH548157
V. tetrasperma	国家草种质资源库	HB2011-045	114°22′8.00″	30°34′28.56″	湖北省武汉市	MH547966	MH548056		MH548247	MH548107	MH548158
V. tibetica	中国科学院植物所标本馆（中国北京）	BOP107161	100°14′15.51″	34°28′45.11″	青海省玛沁县	MH547967	MH548057				
V. tibetica	中国科学院植物所标本馆（中国北京）	BOP107162	100°32′52.25″	28°47′53.29″	四川省稻城县	MH547968	MH548058				
V. tibetica	作者课题组收集	Linzhi1	94°20′27.999″	29°40′5.001″	西藏自治区林芝市	MH547969	MH548059		MH548248	MH548108	MH548159
V. tibetica	作者课题组收集	Linzhi2	94°25′33″	29°24′2″	西藏自治区米林农场	MH547970	MH548060		MH548249	MH548109	MH548160
V. tibetica	作者课题组收集	Linzhi3	94°25′35″	29°31′24″	西藏自治区林芝市	MH547971	MH548061		MH548250	MH548110	MH548161

（续表）

种（亚种）	材料来源	凭证标本号（种子编号）	经度（E）	纬度（N）	采集地点	GenBank 号					
						ITS1	ITS2	*mat*K	*rbc*L	*trn*H-*psb*A	*trn*L-*trn*F
V. unijuga	中国科学院植物所标本馆（中国北京）	BOP010868	114°04′15.51″	31°48′55.29″	河南省信阳市	MH547972	MH548062				
V. unijuga	中国科学院植物所标本馆（中国北京）	BOP011373	121°36′1.0008″	50°50′44.0016″	内蒙古自治区根河市	MH547973	MH548063				
V. unijuga	中国科学院植物所标本馆（中国北京）	BOP016517	124°42′8.39″	52°19′58.52″	黑龙江省塔河县	MH547974	MH548064				
V. unijuga	国家草种质资源库	GS1210	102°43′498″	35°07′085″	甘肃省合作市	MH547975	MH548065		MH548251	MH548111	MH548162
V. unijuga	国家草种质资源库	JL09116	127°22′	42°22′	湖北省白山	MH547976	MH548066	MH548199	MH548252	MH548112	MH548163
V. unijuga	国家草种质资源库	NM05-206	102°51′34.19″	35°07′22.58″	甘肃省合作市	MH547977	MH548067	MH548200			
V. unijuga	国家草种质资源库	SCH02-152	101°29′50.35″	30°30′36.64″	四川省乾宁县	MH547978	MH548068	MH548201			
V. villosa subsp. *varia*	国家草种质资源库	2807	102°15′41.51″	27°53′52.45″	四川省西昌市	MH547979	MH548069	MH548202	MH548253	MH548113	MH548164
V. villosa subsp. *varia*	国家草种质资源库	CHQ03-160	108°45′48.41″	28°50′39.95″	重庆市酉阳县	MH547980	MH548070	MH548203	MH548254	MH548114	MH548165

（续表）

种（亚种）	材料来源	凭证标本号（种子编号）	经度（E）	纬度（N）	采集地点	GenBank 号					
						ITS1	ITS2	*mat*K	*rbc*L	*trn*H-*psb*A	*trn*L-*trn*F
V. villosa subsp. *varia*	国家草种质资源库	JS0071	118°57′39.62″	31°55′58.64″	江苏省泗洪县	MH547981	MH548071	MH548204	MH548255	MH548115	MH548166
V. villosa subsp. *varia*	国家草种质资源库	JS0072	118°47′28.65″	32°03′37.66″	江苏省南京市	MH547982	MH548072		MH548256	MH548116	MH548167
V. villosa subsp. *varia*	国家草种质资源库	SCH02-177	104°08′55.79″	28°39′22.77″	四川省屏山县	MH547983	MH548073	MH548205	MH548257	MH548117	MH548168
V. villosa subsp. *varia*	国家草种质资源库	YN2004-414	103°40′2.53″	27°15′7.50″	云南省永丰镇	MH547984	MH548074	MH548206	MH548258	MH548118	MH548169

附表 2　自 GenBank 下载的的野豌豆属物种核酸序列数据

分类单元	凭证标本	GenBank 号					
		ITS1	ITS2	*mat*K	*rbc*L	*trn*H-*psb*A	*trn*L-*trn*F
Trifolium pratense	ASU：M. F. Wojciechowski 1546			KP230743			
Trifolium pratense	BM000954780					FJ395480	
Trifolium pratense	GB				AY395564		
Trifolium pratense	GB						KU974031
Trifolium pratense	Margot Forde Forage Germplasm Centre Accession F2256	AF053171	AF053171				
Trifolium repens	GB			AF522131			

（续表）

分类单元	凭证标本	GenBank 号					
		ITS1	ITS2	*mat*K	*rbc*L	*trn*H-*psb*A	*trn*L-*trn*F
Trifolium repens	Li ZY Xu SZ X9	KY968960	KY968960		MF135470		
Trifolium repens	OAC：AP181					EU750600	
Trifolium repens	Tarbiat Modares University Plant Collection 2008 2						AB546814
Vicia abbreviata	Nowshahr Botanic Garden 6774	KJ787148	KJ787148				KJ787208
Vicia abbreviata	S. Charkovicz s. n. （GH）	JX506167	JX506167	JX505833	JX505492		
Vicia acutifolia	D. S. Correll 44815（GH）	JX506168	JX506168		JX505493	JX505970	
Vicia acutifolia	K. E. Rogers 2814A（GH）	JX506169	JX506169	JX505834		JX505971	JX505712
Vicia aintabensis	K170960	KP896811	KP896811	KP897023	KP896701	KP896921	
Vicia aintabensis	Research Center of Agriculture and Natural Resources of Kermanshah Province 3370	KJ787198	KJ787198				KJ787231
Vicia alpestris subsp. *hypoleuca*	Research Center of Agriculture and Natural Resources of Kermanshah Province 7605	KJ787197	KJ787197				KJ787243
Vicia alpestris	V. Prima s. n. （GH）	JX506170	JX506170			JX505972	JX505713
Vicia altissima	J. Lambinon 80（M）	JX506171	JX506171				
Vicia americana	A. R. A. Nelson s. n. （GH）	JX506173	JX506173	JX505835		JX505974	JX505714
Vicia americana	ERM1544				KX678241		
Vicia americana	Endo and Nemoto 40802	DQ351832	DQ351832				

（续表）

分类单元	凭证标本	GenBank 号					
		ITS1	ITS2	*mat*K	*rbc*L	*trn*H-*psb*A	*trn*L-*trn*F
Vicia americana	Endo and Nemoto 41702	DQ351834	DQ351834				
Vicia americana	F. W. Eastham 1961（GH）	JX506172	JX506172		JX505495	JX505973	
Vicia americana	HERB0338				KX678379		
Vicia americana	K170961		KP896812	KP897024	KP896702	KP896922	
Vicia americana	MF247				KX678451		
Vicia americana	SERC 1076416067			KP402343	KP402703	KP402523	
Vicia amoena var. *sericea*	PS0381MT32	KT270891	KT270891				
Vicia amoena var. *sericea*	PS0381MT35	KT270894	KT270894				
Vicia amoena var. *sericea*	PS0381MT37		KT270896				
Vicia amoena var. *sericea*	PS0381MT39		KT270898				
Vicia amoena	SY1	KJ417905	KJ417905	KU926879	KP699044		KP699014
Vicia amoena	SY2	KJ417906	KJ417906	KU926880	KP699045		KP699015
Vicia amoena	SY3	KJ417907	KJ417907	KU926881	KP699046		KP699016
Vicia amoena	SY5	KR030010	KR030010	KU926883	KP699048		KP699018
Vicia amurensis	HLJ1	KJ417925	KJ417925	KU926875	KP699039		KP699009
Vicia amurensis	HLJ2	KJ417926	KJ417926	KU926876	KP699040		KP699010
Vicia amurensis	HLJ3	KJ417927	KJ417927	KU926877	KP699041		KP699011

（续表）

分类单元	凭证标本	GenBank 号					
		ITS1	ITS2	*mat*K	*rbc*L	*trn*H–*psb*A	*trn*L–*trn*F
Vicia amurensis	HLJ4	KR030005	KR030005	KU926878	KP699042		KP699012
Vicia amurensis	HLJ5	KR030006	KR030006		KP699043		KP699013
Vicia amurensis	M. Togashi 549（GH）	JX506175	JX506175	JX505836			JX505715
Vicia anatolica	K170970	KP896816	KP896816	KP897027	KP896706	KP896926	
Vicia anatolica	N. Maxted et al. 4498（E）	JX506176	JX506176				
Vicia anatolica	Research Institute of Forests and Rangelands 7606	KJ787196	KJ787196				KJ787262
Vicia anguste pinnata	GB	AF335203					
Vicia anguste pinnata	GB		AF335204				
Vicia articulata	K170973		KP896819	KP897030	KP896709	KP896929	
Vicia articulata	K170974		KP896820	KP897031	KP896710	KP896930	
Vicia articulata	K170975		KP896821	KP897032	KP896711	KP896931	
Vicia articulata	K170976		KP896822	KP897033	KP896712	KP896932	
Vicia articulata	Maxted et al. 4432（E）	JX506181	JX506181				
Vicia assyriaca	Research Center of Agriculture and Natural Resources of Kermanshah Province 7664	KJ787194	KJ787194				KJ787209
Vicia assyriaca	Research Center of Agriculture and Natural Resources of Kermanshah Province 7668	KJ787160	KJ787160				KJ787271

（续表）

分类单元	凭证标本	GenBank 号					
		ITS1	ITS2	*mat*K	*rbc*L	*trn*H-*psb*A	*trn*L-*trn*F
Vicia baicalensis	W. Herrmann s. n. （M）	JX506182	JX506182				JX505716
Vicia balansae	Research Institute of Forests and Rangelands 13048	KJ787204	KJ787204				KJ787248
Vicia barbazitae	E A Huet du Pavillon s. n. （GH）	JX506183	JX506183	JX505841	JX505497	JX505978	
Vicia barbazitae	ICARDASYR：IG 64040	FR856902	FR856902				
Vicia benghalensis	BM 2008 169			HM851166			
Vicia benghalensis	GB				HM850457		
Vicia benghalensis	H. Schaefer 2011 76（GH）	JX506185	JX506185	JX505842	JN661193	JX505979	JX505717
Vicia benghalensis	H. Schaefer 2011 77（GH）	JX506186	JX506186	JX505843	JN661194	JX505980	JX505718
Vicia benghalensis	K170986		KP896823	KP897034	KP896713	KP896933	
Vicia benghalensis	K170987		KP896824	KP897035	KP896714	KP896934	
Vicia benghalensis	K170995		KP896826	KP897037	KP896716	KP896936	
Vicia benghalensis	K170997		KP896827	KP897038	KP896717	KP896937	
Vicia biennis	A. Sukhorukov s. n. （E）	JX506189	JX506189				
Vicia biennis	Herb. J. Gay s. n. （GH）	JX506188	JX506188				JX505719
Vicia bifolia	GB	AF333561					
Vicia bifolia	GB		AF333562				

（续表）

分类单元	凭证标本	GenBank 号					
		ITS1	ITS2	*mat*K	*rbc*L	*trn*H-*psb*A	*trn*L-*trn*F
Vicia bithynica	303	KJ787193	KJ787193				KJ787211
Vicia bithynica	BM 2008 574			HM851167			
Vicia bithynica	H. Schaefer 2008 574（BM）	JX506191	JX506191	JX505844	JN661195		
Vicia bithynica	M. J. E. Coode B. M. G. Jones 2825（GH）	JX506190	JX506190			JX505981	
Vicia bithynica	NMW4260		KX167634	JN895988	JN893456		
Vicia bithynica	NMW4261		KX167633	JN895987			
Vicia bithynica	NMW929			JN894848	JN891891		
Vicia bungei	Endo and Iokawa 548101（TUS）	HM026416	HM026436	HM026379			
Vicia bungei	Herbar Pekingense 75091（GH）	JX506192	JX506192	JX505845			JX505720
Vicia bungei	PS0280MT01		GU217646			GU396756	
Vicia caesarea	PH91	JX506193	JX506193				
Vicia canescens subsp. *gregaria*	Research Institute of Forests and Rangelands 5727	KJ787177	KJ787177				KJ787215
Vicia canescens subsp. *variegata*	Research Center of Agriculture and Natural Resources of Kermanshah Province 7641	KJ787191	KJ787191				KJ787238
Vicia canescens subsp. *variegata*	Research Institute of Forests and Rangelands 11670	KJ787147	KJ787147				KJ787230

（续表）

分类单元	凭证标本	GenBank 号					
		ITS1	ITS2	*mat*K	*rbc*L	*trn*H–*psb*A	*trn*L–*trn*F
Vicia canescens subsp. *variegata*	Research Institute of Forests and Rangelands 16925	KJ787145	KJ787145				KJ787233
Vicia canescens subsp. *variegata*	Research Institute of Forests and Rangelands 21995	KJ787195	KJ787195				KJ787277
Vicia canescens subsp. *variegata*	Research Institute of Forests and Rangelands 24753	KJ787207	KJ787207				KJ787253
Vicia canescens subsp. *variegata*	Research Institute of Forests and Rangelands 6308	KJ787139	KJ787139				KJ787227
Vicia canescens subsp. *variegata*	Research Institute of Forests and Rangelands 63721	KJ787203	KJ787203				KJ787210
Vicia canescens subsp. *variegata*	Research Institute of Forests and Rangelands 7953	KJ787146	KJ787146				KJ787251
Vicia canescens subsp. *variegata*	Research Institute of Forests and Rangelands 81579	KJ787144	KJ787144				KJ787234
Vicia canescens	Research Institute of Forests and Rangelands 16930	KJ787138	KJ787138				KJ787240
Vicia cappadocica	Research Institute of Forests and Rangelands 19571	KJ787190	KJ787190				KJ787239
Vicia capreolata	M. Sequeira MS 5270A	JX506194	JX506194	JX505846		JX505982	
Vicia caroliniana	R. Kral 89445（GH）	JX506195	JX506195	JX505847			JX505721

（续表）

分类单元	凭证标本	GenBank 号					
		ITS1	ITS2	*mat*K	*rbc*L	*trn*H-*psb*A	*trn*L-*trn*F
Vicia caroliniana	SCBI SIGEO 13 0477			KP643175	KP644110	KP643601	
Vicia cassia	N. Maxted et al. 4384（K）	JX506196	JX506196				
Vicia cassubica	A. Jasewicz 237（GH）	JX506197	JX506197	JX505848			
Vicia cassubica	K171015		KP896828	KP897039	KP896718	KP896938	
Vicia cassubica	K171016		KP896829	KP897040	KP896719	KP896939	
Vicia cassubica	Kenicer 101a（TUS）	HM026417	HM026437	HM026411			
Vicia cassubica	Research Center of Agriculture and Natural Resources of Kermanshah Province 7656	KJ787189	KJ787189				KJ787254
Vicia chaetocalyx	F. G. Dunkel s. n.（private collection）	JX506198	JX506198	JX505849		JX505983	JX505722
Vicia chosenensis	GB	AF333563					
Vicia chosenensis	GB		AF333564				
Vicia ciceroidea	Research Center of Agriculture and Natural Resources of Kermanshah Province 7609	KJ787187	KJ787187				KJ787266
Vicia ciliatula	GB	AJ851218	AJ851218				
Vicia cirrhosa	A. Santos Guerra 17 02 09（ORT）					JX505986	JX505724
Vicia cirrhosa	A. Santos Guerra 2616 09（ORT）			JX505853		JX505990	
Vicia cirrhosa	A. Santos Guerra 2656 09（ORT）			JX505851		JX505988	JX505726

（续表）

分类单元	凭证标本	GenBank 号					
		ITS1	ITS2	*mat*K	*rbc*L	*trn*H-*psb*A	*trn*L-*trn*F
Vicia cirrhosa	A. Santos Guerra 36809（ORT）	JX506200	JX506200			JX505984	
Vicia cirrhosa	A. Santos Guerra 37591（ORT）			JX505852		JX505989	JX505727
Vicia cirrhosa	A. Santos Guerra 40109（ORT）	JX506201	JX506201	JX505850		JX505985	JX505723
Vicia cirrhosa	F. J. Rumsey s. n. （BM）	JX506199	JX506199				
Vicia cirrhosa	H. Schaefer 2011 65（GH）	JX506202	JX506202	JX505854	JN661196	JX505991	JX505728
Vicia cirrhosa	H. Schaefer 2011 70（GH）	JX506203	JX506203	JX505855	JN661197	JX505992	JX505729
Vicia claessensii	J. Lebrun 5081（GH）						JX505730
Vicia costata	K171017		KP896830	KP897041	KP896720	KP896940	
Vicia costata	K171018		KP896831	KP897042	KP896721	KP896941	
Vicia cracca	Asmussen 1994 49	AY839339	AY839339				AY839406
Vicia cracca	GB1	KJ417908	KJ417908	KU926870	KP699054		KP699004
Vicia cracca	GB2	KJ417909	KJ417909	KU926871	KP699055		KP699005
Vicia cracca	GB3	KJ417910	KJ417910	KU926872	KP699056		KP699006
Vicia cracca	GB4	KJ417911	KJ417911	KU926873	KP699057		KP699007
Vicia cracca	GB5	KR030001	KR030001	KU926874	KP699058		KP699008
Vicia cracca	H. Schaefer 2011 405（GH）	JX506204	JX506204		JN661198	JX505993	JX505732
Vicia cracca	K171019	KP896832	KP896832	KP897043	KP896722	KP896942	

（续表）

分类单元	凭证标本	GenBank 号					
		ITS1	ITS2	*mat*K	*rbc*L	*trn*H-*psb*A	*trn*L-*trn*F
Vicia cracca	K171020	KP896833	KP896833	KP897044	KP896723	KP896943	
Vicia cracca	K171021		KP896834	KP897045	KP896724	KP896944	
Vicia cracca	K171022		KP896835	KP897046	KP896725	KP896945	
Vicia cretica	J. Barnum Brown s. n. （GH）	JX506205	JX506205	JX505856	JX505499		JX505733
Vicia crocea	A. Groeger et al. 1655 （M）	JX506206	JX506206		JX505500	JX505994	
Vicia crocea	Davis et al. 37715 （E）	HM026432	HM026452	HM026406			
Vicia crocea	Maxted et al. 6843 （E）	HM026431	HM026451	HM026405			
Vicia crocea	Research Institute of Forests and Rangelands 18395	KJ787183	KJ787183				KJ787216
Vicia cuspidata	Research Institute of Forests and Rangelands 24527	KJ787182	KJ787182				KJ787250
Vicia cypria	F. N. Hepper D. E. Viney 9626 （K）	JX506208	JX506208				
Vicia cypria	I. Al Shehbaz et al. （GH）	JX506207	JX506207	JX505857	JX505501	JX505995	JX505734
Vicia dennesiana	H. C. Watson （K）	JX506209	JX506209				
Vicia dichroantha	Endo and Iokawa 564101 （TUS）	HM026418	HM026438	HM026380			
Vicia dichroantha	Endo and Nemoto 588101 （TUS）	HM026419	HM026439	HM026381			
Vicia dionysiensis	GB	AM087146	AM087146				
Vicia disperma	H. Schaefer 2011 73 （GH）	JX506211	JX506211	JX505860	JN661199	JX505996	JX505735

（续表）

分类单元	凭证标本	GenBank 号					
		ITS1	ITS2	*mat*K	*rbc*L	*trn*H-*psb*A	*trn*L-*trn*F
Vicia disperma	K171023		KP896836	KP897047	KP896726	KP896946	
Vicia disperma	K171024		KP896837	KP897048	KP896727	KP896947	
Vicia dumetorum	Endo 3568（TUS）	AB185885	AB185886				
Vicia dumetorum	H. Schaefer s. n. （GH）	JX506212	JX506212	JX505736	JX505502	JX505997	JX505861
Vicia epetiolaris	GB	HM470635	HM470635				
Vicia eristalioides	GB	AJ010808. 2	AJ010808. 2				
Vicia ervilia	FUMH：36169	AB546792	AB546792	AB935095			AB546808
Vicia ervilia	K171026		KP896839	KP896948	KP896729	KP897050	
Vicia ervilia	K171030		KP896840	KP897051	KP896730	KP896949	
Vicia ervilia	K171031		KP896841	KP897052	KP896731		
Vicia ervilia	K171034		KP896842	KP896950	KP896732	KP897053	
Vicia ervilia	K171035		KP896843	KP897054	KP896733	KP896951	
Vicia ervilia	N. Maxted et al. 4087（E）	JX506213	JX506213				
Vicia ervilia	Research Center of Agriculture and Natural Resources of Kermanshah Province 7611	KJ787181	KJ787181				KJ787222
Vicia esdraelonensis	GB	AM181810. 2	AM181810. 2				
Vicia esdraelonensis	GB	HM470623	HM470623				

（续表）

分类单元	凭证标本	GenBank 号					
		ITS1	ITS2	*mat*K	*rbc*L	*trn*H-*psb*A	*trn*L-*trn*F
Vicia exigua	R. M. Stewart 2257（GH）	JX506214	JX506214				
Vicia exigua	S. R. Hill A. D. Cress s. n. （GH）	JX506215	JX506215				
*Vicia faba*var. *minor*	K195864		KP896920	KP897022	KP896810	KP897129	
Vicia faba	1578Palestine	KJ864957	KJ864957				
Vicia faba	1582Palestine	KJ864958	KJ864958				
Vicia faba	HS879	JX506216	JX506216	JX505862	JN661200	JX505998	JX505737
Vicia faba	K193532		KP896863	KP896970	KP896753	KP897074	
Vicia faba	K195291		KP896872	KP897083	KP896762	KP896979	
Vicia faba	K195301		KP896873	KP897084	KP896763	KP896980	
Vicia faba	K195850		KP896917	KP897126	KP896807	KP897019	
Vicia faba	Research Center of Agriculture and Natural Resources of Kermanshah Province 7612	KJ787180	KJ787180				KJ787213
Vicia fauriae	GB	AF333565					
Vicia fauriae	GB		AF333566				
Vicia ferreirensis	M. Sequeira 3763 LM2	JX506217	JX506217	JX505863		JX505999	
Vicia ferreirensis	M. Sequeira MS 4137	JX506218	JX506218	JX505864		JX506000	
Vicia filicaulis	A. Santos Guerra 18 02 08（ORT）	JX506219	JX506219	JX505865		JX506001	JX505738

（续表）

分类单元	凭证标本	GenBank 号					
		ITS1	ITS2	*mat*K	*rbc*L	*trn*H-*psb*A	*trn*L-*trn*F
Vicia filicaulis	A. Santos Guerra 38659（ORT）			JX505866		JX506002	JX505739
Vicia floridana	Abbott 24165（FLAS）			KJ773227			
Vicia floridana	R. K. Godfrey 56442（GH）	JX506220	JX506220				JX505740
Vicia freyniana	M. J. E. Coode B. M. G. Jones（M）	JX506221	JX506221				
Vicia galeata	GB	AJ851219	AJ851219				
Vicia galeata	GB	HM470624	HM470624				
Vicia galilaea	GB	AJ131077. 2	AJ131077. 2				
Vicia galilaea	GB	HM470599	HM470599				
Vicia garinensis	Research Center of Agriculture and Natural Resources of Kermanshah Province 53922	KJ787179	KJ787179				KJ787229
Vicia glauca	E. A. Huet du Pavillon s. n.（GH）	JX506227	JX506227			JX506008	JX505741
Vicia grandiflora	A. Strid Tan 31542（E）	JX506230	JX506230				
Vicia grandiflora	CSU006				HQ644081		
Vicia grandiflora	G. Kenicer 85	JX506229	JX506229	JX505869			
Vicia grandiflora	H. Schaefer s. n.（BM）	JX506228	JX506228	JX505868		JX506009	
Vicia grandiflora	Research Center of Agriculture and Natural Resources of Kermanshah Province 7613	KJ787178	KJ787178				KJ787268

（续表）

分类单元	凭证标本	GenBank 号					
		ITS1	ITS2	*mat*K	*rbc*L	*trn*H-*psb*A	*trn*L-*trn*F
Vicia hirsuta	BM 2008 462			HM851168			
Vicia hirsuta	G. Kenicer 88	JX506232	JX506232	JX505870			JX505743
Vicia hirsuta	H. Schaefer 2011 314（GH）	JX506231	JX506231			JX506010	JX505742
Vicia hirsuta	K175403		KP896858	KP897069	KP896748	KP896965	
Vicia hirsuta	NMW4264		KX167638		JN893460		
Vicia hirsuta	NMW4265		KX167637	JN895989	JN893459		
Vicia hirsuta	NMW4266		KX167640	JN895991	JN893462		
Vicia hirsuta	Research Center of Agriculture and Natural Resources of Kermanshah Province 7614	KJ787176	KJ787176				KJ787257
Vicia hirta	3732	KJ787174	KJ787174				KJ787281
Vicia hirticalycina	GB	AF333567					
Vicia hirticalycina	GB		AF333568				
Vicia hololasia	A. Radzhi 5687（GH）	JX506234	JX506234	JX505872	JX505506		JX505744
Vicia humilis	Endo and Nemoto 43202	DQ351830	DQ351830				
Vicia humilis	Endo and Nemoto 43504	DQ351831	DQ351831	HM026408			
Vicia hyaeniscyamus	GB	AJ131073. 2	AJ131073. 2				
Vicia hyaeniscyamus	GB	HM470600	HM470600				

（续表）

分类单元	凭证标本	GenBank 号					
		ITS1	ITS2	*mat*K	*rbc*L	*trn*H-*psb*A	*trn*L-*trn*F
Vicia hybrida	GB	AJ851220	AJ851220				
Vicia hybrida	GB	HM470625	HM470625				
Vicia hybrida	Research Center of Agriculture and Natural Resources of Kermanshah Province 7615	KJ787173	KJ787173				KJ787225
Vicia hyrcanica	FUMH：38986	AB546793	AB546793	AB935096			
Vicia hyrcanica	GB						AB546809
Vicia hyrcanica	K195313		KP896875		KP896765	KP896982	
Vicia hyrcanica	K195315		KP896877		KP896767	KP896984	
Vicia hyrcanica	K195316		KP896878		KP896768	KP896985	
Vicia hyrcanica	Research Center of Agriculture and Natural Resources of Kermanshah Province 7616	KJ787192	KJ787192				KJ787220
Vicia incana	J. P. Theurillat Th 5439（GH）	JX506235	JX506235	JX505873			JX505745
Vicia incisa	GB	HM470605	HM470605				
Vicia iranica	Research Center of Agriculture and Natural Resources of Kermanshah Province 7617	KJ787171	KJ787171				KJ787235
Vicia iranica	Research Center of Agriculture and Natural Resources of Kermanshah Province 7618	KJ787172	KJ787172				KJ787265
Vicia japonica	DF1	KJ417920	KJ417920	KU926859	KP699026		KP698991

（续表）

分类单元	凭证标本	GenBank 号					
		ITS1	ITS2	*mat*K	*rbc*L	*trn*H-*psb*A	*trn*L-*trn*F
Vicia japonica	DF3	KJ417922	KJ417922	KU926860	KP699027		KP698992
Vicia japonica	DF4	KJ417923	KJ417923		KP699028		KP698993
Vicia japonica	DF5			KU926861	KP699029		KP698994
*Vicia johannis*var. *johannis*	GB	HM470595	HM470595				
*Vicia johannis*var. *procumbens*	GB	HM470597	HM470597				
Vicia johannis	GB	AJ131080. 2	AJ131080. 2				
Vicia kalakhensis	GB	AJ131071. 2	AJ131071. 2				
Vicia kalakhensis	GB	HM470601	HM470601				
Vicia koeieana	E：M. S. Mossadegh 49	KP230749	KP230749				
Vicia koeieana	Research Center of Agriculture and Natural Resources of Kermanshah Province 7619	KJ787205	KJ787205				KJ787256
Vicia kotschyana	Research Institute of Forests and Rangelands 64063	KJ787170	KJ787170				KJ787258
Vicia kurdica	Research Center of Agriculture and Natural Resources of Kurdestan Province 7801	KJ787169	KJ787169				KJ787242
Vicia larissae	V. Prima 6123（GH）	JX506236	JX506236			JX506013	JX505746

（续表）

分类单元	凭证标本	GenBank 号					
		ITS1	ITS2	*mat*K	*rbc*L	*trn*H-*psb*A	*trn*L-*trn*F
Vicia lathyroides	G. Lewis B. B. Klitgaard 3847（K）	JX506237	JX506237				
Vicia lathyroides	GB	AM087148	AM087148				
Vicia lathyroides	GB	HM470610	HM470610				
Vicia lathyroides	HERB0341				KX678073		
Vicia lathyroides	NMW4267	KX167639	KX167639	JN895990	JN893461		
Vicia lathyroides	NMW914	KX165948	KX165948	JN894334	JN891171		
Vicia lathyroides	Research Center of Agriculture and Natural Resources of Kermanshah Province 7620	KJ787168	KJ787168				KJ787270
Vicia leavenworthii	B. C. Thorp 44133（GH）	JX506238	JX506238	JX505874			JX505747
Vicia leucantha	MF Spencer s. n. （GH）	JX506239	JX506239	JX505875			JX505748
Vicia leucophaea	Endo and Nemoto 45502（TUS）	DQ351833	DQ351833	HM026409			
Vicia linearifolia	GB	AF333577					
Vicia linearifolia	GB		AF333578				
Vicia ludoviciana	GB			AF522158			
Vicia ludoviciana	GB	HM470621	HM470621				
Vicia ludoviciana	McLaughlin Bowers 3185（ARIZ）	U51216	U51217				
Vicia lunata	W. Lang s. n. 5. 4. 1999（M）				JX505507		JX505749
Vicia lutea	D. Podlech 42107（M）	JX506241	JX506241	JX505877		JX506014	JX505751

（续表）

分类单元	凭证标本	GenBank 号					
		ITS1	ITS2	*mat*K	*rbc*L	*trn*H-*psb*A	*trn*L-*trn*F
Vicia lutea	H. Schaefer 2011 64（GH）	JX506243	JX506243	JX505878	JN661202		JX505753
Vicia lutea	H. Schaefer 2011 71（GH）	JX506244	JX506244			JX506015	JX505754
Vicia lutea	Margot Forde Forage Germplasm Centre Accession AL3719	KJ787166	KJ787166				KJ787282
Vicia lutea	Margot Forde Forage Germplasm Centre Accession AL3720	KJ787167	KJ787167				KJ787264
Vicia lutea	P J Davis D 49244（NY）	JX506240	JX506240	JX505876			JX505750
Vicia lutea	T. Barta 2004 470（M）	JX506242	JX506242				JX505752
Vicia malosana	A. Stolz 265（GH）	JX506245	JX506245			JX506016	JX505755
Vicia megalotropis	D. Boufford et al. 37491（GH）	JX506246	JX506246	JX505879	JX505508		JX505756
Vicia melanops	GB	AJ851223	AJ851223				
Vicia melanops	GB	HM470627	HM470627				
Vicia menziesii	C. N. Forbes 997（GH）	JX506247	JX506247				
Vicia mexicana	Endo and Nemoto 43502	DQ351835	DQ351835				
Vicia mexicana	H. Temascaltepec et al. 8284（GH）	JX506248	JX506248				
Vicia michauxii	K195319		KP896881	KP897092	KP896771	KP896987	
Vicia michauxii	K195320		KP896882	KP896988	KP896772	KP897093	
Vicia michauxii	K195322		KP896884	KP897095	KP896774	KP896990	

（续表）

分类单元	凭证标本	GenBank 号					
		ITS1	ITS2	*mat*K	*rbc*L	*trn*H-*psb*A	*trn*L-*trn*F
Vicia michauxii	Research Center of Agriculture and Natural Resources of Lorestan Province 1416	KJ787164	KJ787164				KJ787259
Vicia michauxii	Research Center of Agriculture and Natural Resources of Lorestan Province 2315	KJ787163	KJ787163				KJ787260
Vicia michauxii	Research Center of Agriculture and Natural Resources of Lorestan Province 7622	KJ787162	KJ787162				KJ787236
Vicia minutiflora	R. Kral 89489（GH）	JX506251	JX506251	JX505880		JX506017	JX505757
Vicia mollis	Research Center of Agriculture and Natural Resources of Kurdestan Province 7623	KJ787161	KJ787161				KJ787255
Vicia monantha	K195323		KP896885	KP897096	KP896775	KP896991	
Vicia monantha	Research Institute of Forests and Rangelands 3622	KJ787159	KJ787159				KJ787272
Vicia monardii	M. R. K. Lambert T. K. Thorp 59（NY）	JX506253	JX506253				JX505759
Vicia montbretii	K195325		KP896887	KP897097	KP896777	KP896992	
Vicia montbretii	K195326		KP896888	KP897098	KP896778	KP896993	
Vicia montbretii	K195327		KP896889	KP897099	KP896779	KP896994	
Vicia montbretii	Vm88	AF228075	AF228075				

（续表）

分类单元	凭证标本	GenBank 号					
		ITS1	ITS2	*mat*K	*rbc*L	*trn*H-*psb*A	*trn*L-*trn*F
Vicia montevidensis	E. Hassler 6216（GH）	JX506254	JX506254				JX505760
Vicia multicaulis	A. Henry 62（GH）	JX506255	JX506255	JX505881	JX505510		JX505761
Vicia multicaulis	DJ1	KJ417912	KJ417912	KU926862	KP699030		KP698995
Vicia multicaulis	DJ2	KJ417913	KJ417913	KU926863	KP699031		KP698996
Vicia multicaulis	DJ3	KJ417914	KJ417914	KU926864	KP699032		KP698997
Vicia multicaulis	DJ4	KJ417915	KJ417915	KU926865	KP699033		KP698998
Vicia multijuga	Research Institute of Forests and Rangelands 21119	KJ787158	KJ787158				KJ787245
Vicia narbonensis	K195328		KP896890	KP897100	KP896780	KP896995	
Vicia narbonensis	K195329		KP896891	KP897101	KP896781	KP896996	
Vicia narbonensis	K195330		KP896892	KP897102	KP896782	KP896997	
Vicia narbonensis	K195331		KP896893	KP897103	KP896783	KP896998	
Vicia narbonensis	Research Center of Agriculture and Natural Resources of Kermanshah Province 7659	KJ787157	KJ787157				KJ787223
Vicia narbonensis	Research Center of Agriculture and Natural Resources of Kermanshah Province 7662	KJ787156	KJ787156				KJ787224
Vicia nataliae	A. Santos Guerra 2571 09（ORT）			JX505883		JX506020	JX505763

（续表）

分类单元	凭证标本	GenBank 号					
		ITS1	ITS2	*mat*K	*rbc*L	*trn*H-*psb*A	*trn*L-*trn*F
Vicia nataliae	A. Santos Guerra 2572 09（ORT）	JX506256	JX506256	JX505882		JX506019	JX505762
Vicia nigricans subsp. *gigantea*	E. P. Walker 989（GH）	JX506222	JX506222			JX506003	
Vicia nigricans subsp. *gigantea*	J. A. Calder et al. 21722（GH）	JX506223	JX506223	JX505867	JX505504	JX506004	
Vicia nigricans subsp. *gigantea*	J. W. Thompson 11571（GH）	JX506226	JX506226			JX506007	
Vicia nigricans subsp. *gigantea*	R. T. Clausen 63278（GH）	JX506225	JX506225			JX506006	
Vicia nigricans	F. W. Hunnewell 16033（GH）	JX506259	JX506259			JX506023	
Vicia nigricans	G. Seijo 1662（GH）	JX506258	JX506258	JX505884	JX505511	JX506022	
Vicia nigricans	HERB0342				KX678706		
Vicia nigricans	HS708 seeds bought from Sunshine seeds	JX506260	JX506260	JX505886			
Vicia nigricans	Looser 109（GH）	JX506257	JX506257			JX506021	
Vicia nigricans	MF167				KX677833		
Vicia nipponica	Kenicer 23	AY839338	AY839338				AY839407
Vicia noeana	GB	AJ851224	AJ851224				
Vicia noeana	J. Bornmueller 14046（GH）	JX506262		JX505887			JX505764

（续表）

分类单元	凭证标本	GenBank 号					
		ITS1	ITS2	*mat*K	*rbc*L	*trn*H-*psb*A	*trn*L-*trn*F
Vicia noeana	M. J. E. Coode　B. M. G. Jones　2205（GH）	JX506261	JX506261				
Vicia nummularia	Endo and Iokawa 550101（TUS）	HM026420	HM026440	HM026383			
Vicia ochroleuca	J. Bornmueller 19（GH）	JX506263	JX506263	JX505888	JX505513		JX505765
Vicia onobrychioides	D. Geerinck Coutrez 8807（GH）	JX506264	JX506264	JX505889	JX505514	JX506024	JX505766
Vicia oroboides	GB	AM950283	AM950283				
Vicia orobus	HS715 seeds bought from BT world seeds	JX506265	JX506265	JX505890			
Vicia orobus	Margot Forde Forage Germplasm Centre Accession AL2142	KJ787155	KJ787155				KJ787275
Vicia orobus	NMW4269		KX167632	JN895986	JN893455		
Vicia orobus	NMW4270	KX167835	KX167835		JN893682		
Vicia orobus	NMW897		KX167540	JN895880	JN890647		
Vicia orobus	P. Hechenleitner et al. 1070（E）	JX506266	JX506266				
Vicia palaestina	1570	KJ864939	KJ864939				
Vicia palaestina	1603	KJ864940	KJ864940				
Vicia palaestina	1610a	KJ864937	KJ864937				
Vicia palaestina	1610b	KJ864941	KJ864941				

（续表）

分类单元	凭证标本	GenBank 号					
		ITS1	ITS2	*mat*K	*rbc*L	*trn*H-*psb*A	*trn*L-*trn*F
Vicia palaestina	1611	KJ864938	KJ864938				
Vicia palaestina	K195332		KP896894	KP897104	KP896784	KP896999	
Vicia palaestina	N. Maxted et al. 4099（E）	JX506267	JX506267				
Vicia palaestina	NARC06				KX421111		
Vicia pannonica	H. Schaefer s. n. （BM）	JX506268	JX506268	JX505891		JX506025	
Vicia pannonica	Research Center of Agriculture and Natural Resources of Kermanshah Province 7650	KJ787154	KJ787154				KJ787218
Vicia parviflora	H. Schaefer 2008 496（BM）	JX506301	JX506301	JX505908	JN661206	JX506041	
Vicia parviflora	H. Schaefer 2012 11（GH）	JX506300	JX506300	JX505907			
Vicia parviflora	H. Schaefer 2012 13（GH）	JX506299	JX506299	JX505906			
Vicia parviflora	NMW7598		KX167001				
Vicia parviflora	NMW7601		KX166592				
Vicia paucifolia	J. Lejeune 263（GH）	JX506269	JX506269				
Vicia paucijuga	GB	AJ131078. 2	AJ131078. 2				
Vicia pectinata	R. T. Lowe 78 2（GH）	JX506270	JX506270			JX506026	
Vicia peregrina	K195335		KP896897	KP897107	KP896787	KP897001	
Vicia peregrina	K195336		KP896898	KP897108	KP896788	KP897002	

（续表）

分类单元	凭证标本	GenBank 号					
		ITS1	ITS2	*mat*K	*rbc*L	*trn*H-*psb*A	*trn*L-*trn*F
Vicia peregrina	K195337		KP896899	KP897109	KP896789	KP897003	
Vicia peregrina	K195338		KP896900	KP897110	KP896790	KP897004	
Vicia peregrina	Research Center of Agriculture and Natural Resources of Kermanshah Province 7651	KJ787153	KJ787153				KJ787219
Vicia picta	A. Skvortsov et al. s. n. （GH） HS1180	JX506273	JX506273	JX505892			JX505767
Vicia picta	A. Skvortsov et al. s. n. （GH） HS874	JX506274	JX506274	JX505893	JX505515	JX506027	
Vicia pinetorum	J. S. Mill s. n. （GH）	JX506275	JX506275	JX505894	JX505516	JX506028	JX505768
Vicia pisiformis	G. Kenicer 107	JX506277	JX506277	JX505896			JX505770
Vicia pisiformis	H. Schaefer s. n. （BM）	JX506276	JX506276	JX505895	JX505517	JX506029	JX505769
Vicia pseudorobus	DY1	KR029994	KR029994	KU926866	KP699034		KP698999
Vicia pseudorobus	DY2	KR029995	KR029995	KU926867	KP699035		KP699000
Vicia pseudorobus	DY3	KR029996	KR029996	KU926868	KP699036		KP699001
Vicia pseudorobus	DY4	KR029997	KR029997	KU926869	KP699037		KP699002
Vicia pseudorobus	PS0281MT01					GU396757	
Vicia pubescens	H. Schaefer 2011 74 （GH）	JX506278	JX506278	JX505897	JN661203		JX505771
Vicia pulchella	Endo and Nemoto 43402	DQ351836	DQ351836				

（续表）

分类单元	凭证标本	GenBank 号					
		ITS1	ITS2	*mat*K	*rbc*L	*trn*H-*psb*A	*trn*L-*trn*F
Vicia pulchella	Endo and Nemoto 43704	DQ351837	DQ351837				
Vicia pulchella	W Hodgson 12942（ASU）			JQ669588			
Vicia pyrenaica	GB	AM087150	AM087150				
Vicia pyrenaica	M. Gardner S. Gardner 2218（E）	JX506279	JX506279				
Vicia qatmensis	GB	AM087149	AM087149				
Vicia ramuliflora	BY1	KJ417928	KJ417928	KU926857	KP699024		KP698989
Vicia ramuliflora	BY2	KJ417929	KJ417929	KU926858	KP699025		KP698990
Vicia sativa subsp. *amphicarpa*	M. J. E. Coode & B. M. G. Jones 1041（GH）	JX506174	JX506174		JN661191		
Vicia sativa subsp. *amphicarpa*	Research Center of Agriculture and Natural Resources of Kermanshah Province 7625	KJ787137	KJ787137				KJ787217
Vicia sativa subsp. *cordata*	Margot Forde Forage Germplasm Centre Accession AL3736	KJ787200	KJ787200				KJ787280
Vicia sativa subsp. *cordata*	Margot Forde Forage Germplasm Centre Accession AL3758	KJ787199	KJ787199				KJ787221
Vicia sativa subsp. *cordata*	Research Center of Agriculture and Natural Resources of Kermanshah Province 7627	KJ787136	KJ787136				KJ787214
Vicia sativa subsp. *macrocarpa*	GB	HM470606	HM470606				

（续表）

分类单元	凭证标本	GenBank 号					
		ITS1	ITS2	*mat*K	*rbc*L	*trn*H-*psb*A	*trn*L-*trn*F
Vicia sativa subsp. *nigra*	BM 2008 495			HM851165	HM850456		
Vicia sativa subsp. *nigra*	H. Schaefer 2011 210（GH）	JX506178	JX506178			JX505975	
Vicia sativa subsp. *nigra*	K175400		KP896856	KP897067	KP896746	KP896963	
Vicia sativa subsp. *nigra*	K193554		KP896864	KP897075	KP896754	KP896971	
Vicia sativa subsp. *nigra*	K193556		KP896865	KP897076	KP896755	KP896972	
Vicia sativa subsp. *nigra*	K193558		KP896866	KP897077	KP896756	KP896973	
Vicia sativa subsp. *nigra*	K193572		KP896867	KP897078	KP896757	KP896974	
Vicia sativa subsp. *nigra*	Margot Forde Forage Germplasm Centre Accession AL3741	KJ787135	KJ787135				KJ787276
Vicia sativa subsp. *nigra*	Research Center of Agriculture and Natural Resources of Kermanshah Province 7626	KJ787206	KJ787206				KJ787232
Vicia sativa	BM 2008 171			HM851169	HM850461		
Vicia sativa	H. Schaefer 2011 78（GH）	JX506281	JX506281	JX505899	JN661204	JX506030	
Vicia sativa	K195485		KP896911	KP897120	KP896801	KP897014	
Vicia sativa	K195513		KP896912	KP897121	KP896802	KP897015	
Vicia sativa	K195531		KP896913		KP896803		
Vicia sativa	K195551		KP896914	KP897123	KP896804	KP897016	

（续表）

分类单元	凭证标本	GenBank 号					
		ITS1	ITS2	*mat*K	*rbc*L	*trn*H-*psb*A	*trn*L-*trn*F
Vicia sativa	K195556		KP896915	KP897124	KP896805	KP897017	
Vicia sativa	Margot Forde Forage Germplasm Centre Accession AL3794	DQ312198	DQ312198				DQ311954
Vicia sativa	NMW875		KX166847	JN895172	JN892351		
Vicia sativa	Research Center of Agriculture and Natural Resources of Kermanshah Province 7628	KJ787134	KJ787134				KJ787246
Vicia scandens	A. Santos Guerra 911 06（ORT）			JX505900		JX506031	JX505772
Vicia scandens	Lysek et al. 11609（M）	JX506282	JX506282	JX506032		JX505901	
Vicia semiglabra	Becker 101（GH）	JX506283	JX506283				
Vicia sepium	BM000954739				FJ395590	FJ395511	
Vicia sepium	H. Schaefer 2011 407（GH）	JX506284	JX506284		JN661205	JX506033	
Vicia sepium	NMW4273		KX167834	JN896142	JN893681		
Vicia sepium	NMW4274		KX167832	JN896140	JN893678		
Vicia sepium	NMW916		KX165946	JN894332	JN891169		
Vicia sericocarpa	GB	AJ851226	AJ851226				
Vicia sericocarpa	GB	HM470629	HM470629				

（续表）

分类单元	凭证标本	GenBank 号					
		ITS1	ITS2	*mat*K	*rbc*L	*trn*H-*psb*A	*trn*L-*trn*F
Vicia sericocarpa	Research Center of Agriculture and Natural Resources of Kermanshah Province 7629	KJ787133	KJ787133				KJ787212
Vicia serratifolia	GB	AJ131075. 2	AJ131075. 2				
Vicia serratifolia	GB	HM470598	HM470598				
Vicia sibthorpi	A. Baldacci s. n. （GH）	JX506285	JX506285	JX505902			JX505773
Vicia sicula	H. Ross 530（GH）	JX506286	JX506286			JX506034	
Vicia sicula	Lefevre s. n. （GH）	JX506287	JX506287				JX505774
Vicia sojakii	Research Center of Agriculture and Natural Resources of Kermanshah Province 6327	KJ787132	KJ787132				KJ787263
Vicia sparsiflora	G. Kenicer 75	JX506288	JX506288	JX505903			JX505775
Vicia sparsiflora	Kenicer 75c（TUS）	HM026422	HM026442	HM026413			
Vicia stenophylla	A. Krapovickas C. L. Cristobal 20046（GH）	JX506291	JX506291				JX505777
Vicia subvillosa	HV46 collector unknown（GH）	JX506293	JX506293			JX506036	JX505778
Vicia subvillosa	J. E. T. Aitchison 948（GH）	JX506292	JX506292		JX505518		
Vicia subvillosa	Research Institute of Forests and Rangelands 11143	KJ787152	KJ787152				KJ787274

（续表）

分类单元	凭证标本	GenBank 号					
		ITS1	ITS2	*mat*K	*rbc*L	*trn*H-*psb*A	*trn*L-*trn*F
Vicia subvillosa	Research Institute of Forests and Rangelands 29655	KJ787142	KJ787142				KJ787278
Vicia subvillosa	Research Institute of Forests and Rangelands 42408	KJ787151	KJ787151				KJ787252
Vicia sylvatica	H. Schaefer 2011 213（GH）	JX506294	JX506294		JX505519	JX506037	
Vicia sylvatica	H. Schaefer s. n. （BM）	JX506295	JX506295	JX505904	JX505520	JX506038	
Vicia sylvatica	NMW4275			JN896141	JN893679		
Vicia sylvatica	NMW4276		KX167830	JN896139	JN893676		
Vicia sylvatica	NMW917		KX165947	JN894333	JN891170		
Vicia telaponensis	E. Lyonnet 704（GH）	JX506296	JX506296			JX506039	
Vicia tenuifolia subsp. *dalmatica*	GB	HM470636	HM470636				
Vicia tenuifolia	G. Kenicer 99	JX506298	JX506298	JX505905			JX505780
Vicia tenuifolia	H. Schaefer s. n. （BM）	JX506297	JX506297			JX506040	JX505779
Vicia tenuifolia	MN 1. 10. 1						KU600255
Vicia tenuifolia	Margot Forde Forage Germplasm Centre Accession AL1865	KJ787150	KJ787150				KJ787267
Vicia tenuifolia	RMA 1. 11. 1						KU600304

（续表）

分类单元	凭证标本	GenBank 号					
		ITS1	ITS2	*mat*K	*rbc*L	*trn*H-*psb*A	*trn*L-*trn*F
Vicia tenuifolia	xt plant18			KJ746145	KJ746231		KJ746344
Vicia tenuissima	BM 2008 819				HM850462		
Vicia tetrasperma	AP119			HQ593496	HQ590329	HQ596891	
Vicia tetrasperma	BM 2008 496				HM850463		
Vicia tetrasperma	BM000954738					FJ395522	
Vicia tetrasperma	G. Kenicer 87	JX506303	JX506303	JX505910			JX505782
Vicia tetrasperma	G00199091			KJ204558	KJ204425		
Vicia tetrasperma	J. B. Nelson 27040（GH）			JX505909	JN661207	JX506042	JX505781
Vicia tetrasperma	K175402		KP896857	KP897068	KP896747	KP896964	
Vicia tetrasperma	NMW915		KX165949	JN894335	JN891172		
Vicia tetrasperma	Nowshahr Botanic Garden 7660	KJ787149	KJ787149				KJ787249
Vicia tibetica	Endo and Iokawa 509101（TUS）	HM026423	HM026443	HM026385			
Vicia tibetica	Endo and Iokawa 518101（TUS）	HM026424	HM026444	HM026386			
Vicia tibetica	Endo and Iokawa 521101（TUS）	HM026425	HM026445	HM026387			
Vicia tibetica	Endo and Iokawa 522101（TUS）	HM026426	HM026446	HM026388			
Vicia tibetica	Endo and Iokawa 525101（TUS）	HM026427	HM026447	HM026389			
Vicia tibetica	Endo and Iokawa 535101（TUS）	HM026428	HM026448	HM026390			

(续表)

分类单元	凭证标本	GenBank 号					
		ITS1	ITS2	*mat*K	*rbc*L	*trn*H-*psb*A	*trn*L-*trn*F
Vicia tigridis	GB	AJ851216	AJ851216				
Vicia truncatula	GB	AM087145	AM087145				
Vicia unijuga	K195344		KP896901	KP897111	KP896791		
Vicia unijuga	K195345		KP896902	KP897112	KP896792	KP897005	
Vicia unijuga	Kenicer 27	AY839337	AY839337				AY839408
Vicia unijuga	WTC1	KJ417916	KJ417916		KP699049		KP699019
Vicia unijuga	WTC2	KJ417917	KJ417917	KU926885	KP699050		KP699020
Vicia unijuga	WTC3	KJ417918	KJ417918	KU926886	KP699051		KP699021
Vicia unijuga	WTC4	KJ417919	KJ417919	KU926887	KP699052		KP699022
Vicia unijuga	WTC5	KR030015	KR030015	KU926888	KP699053		KP699023
Vicia variabilis	Research Center of Agriculture and Natural Resources of Kermanshah Province 7645	KJ787188	KJ787188				KJ787269
Vicia variabilis	Research Institute of Forests and Rangelands 34869	KJ787185	KJ787185				KJ787237
Vicia venosa var. *cuspidata*	Cho 80824 (IUI)			HM026403			
Vicia venosa var. *cuspidata*	Endo 3150 (CBM)	AB107201	AB107202				
Vicia venosa var. *cuspidata*	GB	AF335197					
Vicia venosa var. *cuspidata*	GB		AF335198				

（续表）

分类单元	凭证标本	GenBank 号					
		ITS1	ITS2	*mat*K	*rbc*L	*trn*H-*psb*A	*trn*L-*trn*F
Vicia venosa var. *cuspidata*	Iokawa and Seki（CBM）	AB107203	AB107204				
Vicia venosa var. *glabristyla*	GB	AF335199					
Vicia venosa var. *glabristyla*	GB		AF335200				
Vicia venosa var. *stolonifera*	GB	AF335201					
Vicia venosa var. *stolonifera*	GB		AF335202				
Vicia venosa var. *yamanakae*	GB	AF335193					
Vicia venosa var. *yamanakae*	GB		AF335194				
Vicia venosa	ALTA：121462				JX848470		
Vicia venulosa	Research Center of Agriculture and Natural Resources of Kermanshah Province 7633	KJ787143	KJ787143				KJ787244
Vicia venulosa	V. V. Nikitin s. n. （GH）	JX506304	JX506304	JX505911		JX506043	JX505783
Vicia vicina	GB	AF333579					
Vicia vicina	GB		AF333580				

（续表）

分类单元	凭证标本	GenBank 号					
		ITS1	ITS2	*mat*K	*rbc*L	*trn*H-*psb*A	*trn*L-*trn*F
Vicia vicioides	G. Samuelsson 7053（GH）	JX506305	JX506305	JX505912	JX505521	JX506044	
Vicia villosa subsp. *pseudocracca*	GB	AJ010806					
Vicia villosa subsp. *varia*	K195379		KP896908	KP897118	KP896798	KP897011	
Vicia villosa subsp. *varia*	K195380		KP896909	KP897119	KP896799	KP897012	
Vicia villosa subsp. *varia*	K195381		KP896910		KP896800	KP897013	
Vicia villosa	H. Schaefer 2008 575（BM）	JX506308	JX506308	JX505915	JN661208		
Vicia villosa	H. Schaefer 2011 211（GH）	JX506307	JX506307			JX506046	JX505785
Vicia villosa	K175394		KP896853	KP897064	KP896743	KP896961	
Vicia villosa	Margot Forde Forage Germplasm Centre Accession AL4595	DQ312199	DQ312199				DQ311955
Vicia villosa	R. Convey P. Hind 10755（GH）	JX506306	JX506306	JX505914		JX506045	JX505784
Vicia villosa	Research Center of Agriculture and Natural Resources of Kurdestan Province 7667	KJ787140	KJ787140				KJ787226

附表 3　本研究中所用野豌豆属物种详细信息

亚属	组	参考文献	分类单元	鉴定信息
Vicilla (Schur) Rouy (Cracca (Dumort.) Peterm.)				
Vicilla	*Americanae* Kupicha	Kupicha, 1976	*V. americana* Willd.	Success
Vicilla	*Americanae*	Kupicha, 1976	*V. bungei* Ohwi	Success
Vicilla	*Amurense* Y. Endo 和 H. Ohashi	Endo 和 Ohashi, 1966b	*V. nummularia* Hand. -Mazz.	Failure
Vicilla	*Amurense*	Endo 和 Ohashi, 1966b	*V. tibetica* C. E. C. Fisch.	Failure
Vicilla	*Australes* Kupicha	Kupicha, 1976	*V. epetiolaris* Burkart	Success
Vicilla	*Australes*	Schaefer et al., 2012	*V. montevidensis* Vogel	Success
Vicilla	*Australes*	Schaefer et al., 2012	*V. stenophylla* Vogel	Success
Vicilla	*Australes*	Endo, 2008	*V. vicina* Clos	Success
Vicilla	*Cassubicae* Radzhi	Kupicha, 1976	*V. cassubica* L.	Success
Vicilla	*Cassubicae*	Xia, 1996	*V. chinensis* Franch.	Success
Vicilla	*Cassubicae*	Kupicha, 1976	*V. menziesii* Spreng.	Failure
Vicilla	*Cassubicae*	Kupicha, 1976	*V. multicaulis* Ledeb.	Success
Vicilla	*Cassubicae*	Kupicha, 1976	*V. nigricans* Hook. & Arn.	Success
Vicilla	*Cassubicae*	Kupicha, 1976	*V. nigricans* subsp. *gigantea* (Hook.) Lassetter & C. R. Gunn	
Vicilla	*Cassubicae*	Kupicha, 1976	*V. orobus* DC.	Success
Vicilla	*Cassubicae*	Xia, 1996	*V. perelegans* K. T. Fu	Success
Vicilla	*Cassubicae*	Kupicha, 1976	*V. semiglabra* Boiss.	Failure
Vicilla	*Cassubicae*	Kupicha, 1976	*V. sparsiflora* Ten.	Failure
Vicilla	*Cracca* S. F. Gray	Kupicha, 1976	*V. acutifolia* Elliott	Success
Vicilla	*Cracca*	Kupicha, 1976	*V. alpestris* Steven	Success
Vicilla	*Cracca*	Kupicha, 1976	*V. alpestris* (Boiss.) P. H. Davis	subsp. *hypoleuca*
Vicilla	*Cracca*	Kupicha, 1976	*V. benghalensis* L.	Success
Vicilla	*Cracca*	Kupicha, 1976	*V. capreolata* Lowe	Success
Vicilla	*Cracca*	Kupicha, 1976	*V. caroliniana* Walter	Success

（续表）

亚属	组	参考文献	分类单元	鉴定信息
Vicilla	*Cracca*	Kupicha，1976	*V. chaetocalyx* Webb & Berthel.	Success
Vicilla	*Cracca*	Kupicha，1976	*V. ciceroidea* Boiss.	Success
Vicilla	*Cracca*	Kupicha，1976	*V. cirrhosa* Webb & Berthel.	Failure
Vicilla	*Cracca*	Kupicha，1976	*V. costata* Ledeb.	Success
Vicilla	*Cracca*	Kupicha，1976	*V. cracca* L.	Failure
Vicilla	*Cracca*	Kupicha，1976	*V. disperma* DC.	Success
Vicilla	*Cracca*	Kupicha，1976	*V. exigua* Nutt.	Success
Vicilla	*Cracca*	Kupicha，1976	*V. ferreirensis* Goyder	Failure
Vicilla	*Cracca*	Kupicha，1976	*V. filicaulis* Webb & Berthel.	Failure
Vicilla	*Cracca*	Kupicha，1976	*V. floridana* S. Watson	Success
Vicilla	*Cracca*	Kupicha，1976	*V. glauca* C. Presl	Success
Vicilla	*Cracca*	Kupicha，1976	*V. humilis* Kunth	Success
Vicilla	*Cracca*	Kupicha，1976	*V. incana* Gouan	Success
Vicilla	*Cracca*	Kupicha，1976	*V. kotschyana* Boiss.	Failure
Vicilla	*Cracca*	Kupicha，1976	*V. larissae* Prima	Success
Vicilla	*Cracca*	Kupicha，1976	*V. leavenworthii* Torr. & A. Gray	Success
Vicilla	*Cracca*	Kupicha，1976	*V. leucantha* Biv.	Success
Vicilla	*Cracca*	Kupicha，1976	*V. lilacina* Ledeb.	Success
Vicilla	*Cracca*	Kupicha，1976	*V. ludoviciana* Nutt.	Success
Vicilla	*Cracca*	Kupicha，1976	*V. mexicana* Hemsl.	Success
Vicilla	*Cracca*	Kupicha，1976	*V. minutiflora* D. Dietr.	Success
Vicilla	*Cracca*	Kupicha，1976	*V. monantha* Retz.	Success
Vicilla	*Cracca*	Kupicha，1976	*V. montbretii* Fisch. & C. A. Mey.	Success
Vicilla	*Cracca*	Kupicha，1976	*V. multijuga*（Boiss.）Rech. f.	Failure
Vicilla	*Cracca*	Kupicha，1976	*V. nataliae* U. Reifenb. & A. Reifenb.	Success
Vicilla	*Cracca*	Kupicha，1976	*V. ochroleuca* Ten.	Success
Vicilla	*Cracca*	Kupicha，1976	*V. palaestina* Boiss.	Success
Vicilla	*Cracca*	Kupicha，1976	*V. picta* Fisch. & C. A. Mey.	Success
Vicilla	*Cracca*	Kupicha，1976	*V. pinetorum* Boiss. & Spruner	Success

（续表）

亚属	组	参考文献	分类单元	鉴定信息
Vicilla	*Cracca*	Kupicha，1976	*V. pulchella* Kunth	Success
Vicilla	*Cracca*	Kupicha，1976	*V. scandens* R. P. Murray	Failure
Vicilla	*Cracca*	Kupicha，1976	*V. sibthorpi* Boiss.	Failure
Vicilla	*Cracca*	Kupicha，1976	*V. sicula*（Raf.）Guss.	Failure
Vicilla	*Cracca*	Kupicha，1976	*V. tenuifolia* Roth	Failure
Vicilla	*Cracca*	Kupicha，1976	*V. tenuifolia* *subsp. dalmatica*（A. Kern.）Greuter	
Vicilla	*Cracca*	Kupicha，1976	*V. variabilis* Freyn & Sint. ex Freyn	Failure
Vicilla	*Cracca*	Kupicha，1976	*V. vicioides*（Desf.）Cout.	Failure
Vicilla	*Cracca*	Kupicha，1976	*V. villosa* Roth	Failure
Vicilla	*Cracca*	Kupicha，1976	*V. villosa* subsp. *pseudocracca*（Bertol.）Rouy	
Vicilla	*Cracca*	Kupicha，1976	*V. villosa* subsp. *varia*（Host）Corb.	
Vicilla	*Ervilia*（Lk.）Koch	Kupicha，1976	*V. ervilia*（L.）Willd.	Success
Vicilla	*Ervilia*	Jalilianet al.，2014	*V. koeieana* Rech. f.	Success
Vicilla	Ervoides（Godr.）Kupicha	Kupicha，1976	*V. articulata* Hornem.	Success
Vicilla	*Ervum*（L.）Taub.	Kupicha，1976	*V. parviflora* Cav.	Success
Vicilla	*Ervum*	Kupicha，1976	*V. pubescens*（DC.）Link	Success
Vicilla	*Ervum*	Kupicha，1976	*V. tenuissima*（M. Bieb.）Schinz & Thell.	Failure
Vicilla	*Ervum*	Kupicha，1976	*V. tetrasperma*（L.）Schreb.	Failure
Vicilla	*Lenticula*（Endl.）Aschers. et Gearbn	Hanelt 和 Mettin，1989	*V. hirsuta*（L.）Gray	Success
Vicilla	*Lentopsis* Kupicha	Kupicha，1976	*V. caesarea* Boiss. & Balansa	Success
Vicilla	*Mediocinctae* Kupicha	Kupicha，1976	*V. leucophaea* Greene	Success
Vicilla	*Panduratae* Kupicha	Kupicha，1976	*V. cappadocica* Boiss. & Balansa	Success
Vicilla	*Panduratae*	Kupicha，1976	*V. cassia* Boiss.	Success
Vicilla	*Panduratae*	Kupicha，1976	*V. cretica* Boiss. & Heldr.	Success
Vicilla	*Pedunculatae* Rouy	Kupicha，1976	*V. altissima* Desf.	Success

（续表）

亚属	组	参考文献	分类单元	鉴定信息
Vicilla	*Pedunculatae*	Kupicha，1976	*V. onobrychioides* L.	Success
Vicilla	*Perditae*Kupicha	Kupicha，1976	*V. dennesiana* H. C. Watson	Success
Vicilla	*Subvillosae* Kupicha	Schaefer et al.，2012	*V. claessensi* De Wild.	Success
Vicilla	*Subvillosae*	Kupicha，1976	*V. iranica* Boiss.	Success
Vicilla	*Subvillosae*	Schaefer et al.，2012	*V. malosana*（Baker）Baker f.	Success
Vicilla	*Subvillosae*	Schaefer et al.，2012	*V. paucifolia* Baker	Success
Vicilla	*Subvillosae*	Kupicha，1976	*V. subvillosa*（Ledeb.）Boiss.	Failure
Vicilla	*Sylvaticae*（Tzvel.）Nikif	Kupicha，1976	*V. sylvatica* L.	Failure
Vicilla	*Trigonellopsis* Rech. f.	Kupicha，1976	*V. cypria* Unger & Kotschy	Success
Vicilla	*Trigonellopsis*	Kupicha，1976	*V. lunata*（Boiss. & Balansa）Boiss.	Success
Vicilla	*Variegatae* Radzhi	Kupicha，1976	*V. canescens* Labill.	Success
Vicilla	*Variegatae*	Kupicha，1976	*V. canescens* subsp. *gregaria*（Boiss. & Heldr.）P. H. Davis	
Vicilla	*Variegatae*	Kupicha，1976	*V. canescens*（Willd.）P. H. Davis	subsp. *variegata*
Vicilla	*Variegatae*	Kupicha，1976	*V. megalotropis* Ledeb.	Failure
Vicilla	*Vicilla*（Schur）Ascherson 和 Graebner	Kupicha，1976	*V. amoena* Fisch.	Success
Vicilla	*Vicilla*	Kupicha，1976	*V. amoena var. sericea* Kitag.	
Vicilla	*Vicilla*	Kupicha，1976	*V. amurensis* Oett.	Success
Vicilla	*Vicilla*	Choi et al.，2006	*V. angustepinnata* Nakai	Success
Vicilla	*Vicilla*	He 和 He，1994	*V. baicalensis*（Turcz.）B. Fedtsch.	
Vicilla	*Vicilla*	Endo 和 Ohashi，1966b	*V. bifolia* Nakai	Success
Vicilla	*Vicilla*	Kupicha，1976	*V. chosenensis* Ohwi	Success
Vicilla	*Vicilla*	Kupicha，1976	*V. crocea*（Desf.）Fritsch	Success
Vicilla	*Vicilla*	Kupicha，1976	*V. dichroantha* Diels	Failure
Vicilla	*Vicilla*	Kupicha，1976	*V. dumetorum* L.	Success

（续表）

亚属	组	参考文献	分类单元	鉴定信息
Vicilla	*Vicilla*	Endo 和 Ohashi，1966b	*V. fauriae* Franch. and Sav.	Failure
Vicilla	*Vicilla*	Kupicha，1976	*V. hirticalycina* Nakai	Success
Vicilla	*Vicilla*	Kupicha，1976	*V. japonica* A. Gray	Success
Vicilla	*Vicilla*	He 和 He 1994	*V. kioshanica* L. H. Bailey	Success
Vicilla	*Vicilla*	Kupicha，1976	*V. kulingana* L. H. Bailey	Success
Vicilla	*Vicilla*	Kupicha，1976	*V. latibracteolata* K. T. Fu	Failure
Vicilla	*Vicilla*	Choi et al.，2006	*V. linearifolia* Hook. & Arn.	Success
Vicilla	*Vicilla*	Kupicha，1976	*V. nipponica* Matsum.	Failure
Vicilla	*Vicilla*	Kupicha，1976	*V. ohwiana* Hosok.	Failure
Vicilla	*Vicilla*	Kupicha，1976	*V. pisiformis* L.	Success
Vicilla	*Vicilla*	Kupicha，1976	*V. pseudorobus* Fisch. & C. A. Mey.	
Vicilla	*Vicilla*	He 和 He，1994	*V. ramuliflora*（Maxim.）Ohwi	
Vicilla	*Vicilla*	Kupicha，1976	*V. taipaica* K. T. Fu	Success
Vicilla	*Vicilla*	Kupicha，1976	*V. unijuga* A. Br.	Failure
Vicilla	*Vicilla*	Kupicha，1976	*V. venosa*（Link）Maxim.	Failure
Vicilla	*Vicilla*	Kupicha，1976	*V. venosa* var. *cuspidata* Maxim.	
Vicilla	*Vicilla*	Kupicha，1976	*V. venosa* var. *glabristyla*（Maxim.）Y. Endo 和 H. Ohashi	
Vicilla	*Vicilla*	Kupicha，1976	*V. venosa* var. *stolonifera*（Maxim.）Y. Endo 和 H. Ohashi	
Vicilla	*Vicilla*	Kupicha，1976	*V. venosa* var. *yamanakae*（Maxim.）Y. Endo 和 H. Ohashi	
Vicilla	*Vicilla*	Kupicha，1976	*V. venulosa* Boiss. & Hohen.	Failure
Vicilla	*Volutae* Kupicha	Kupicha，1976	*V. biennis* L.	Success
Vicilla	unknown	The current study	*V. freyniana* Bornm.	Success
Vicilla	unknown	The current study	*V. garinensis* Dehshiri	Failure
Vicilla	unknown	The current study	*V. hololasia* Woronow	Success

（续表）

亚属	组	参考文献	分类单元	鉴定信息
Vicilla	unknown	The current study	*V. kurdica* Jalilian	Failure
Vicilla	unknown	The current study	*V. monardii* Boiss. & Reut.	Success
Vicilla	unknown	The current study	*V. sojakii* Chrtkova	Failure
Vicilla	unknown	The current study	*V. telaponensis*	Success
Vicia L.				
Vicia	*Atossa*（Alcf.）Asch. & Graebner	Maxted，1993	*V. abbreviata* Spreng.	Success
Vicia	*Atossa*	Maxted，1993	*V. balansae* Boiss.	Success
Vicia	*Atossa*	Maxted，1993	*V. oroboides* Wulfen	Success
Vicia	*Atossa*	Maxted，1993	*V. sepium* L.	Success
Vicia	*Atossa*	Kupicha，1976	*V. truncatula* M. Bieb.	Failure
Vicia	*Bithynicae*（B. Fedtch. Ex Radzhi）Maxted	Maxted，1993	*V. bithynica*（L.）L.	Success
Vicia	*Faba*（Miller）Ledeb.	Maxted，1993	*V. faba* L.	Success
Vicia	*Faba*	Maxted，1993	*V. faba* var. *minor* Beck.	
Vicia	*Faba*	Maxted，1993	*V. paucijuga*（Trautv.）B. Fedtsch.	Success
Vicia	*Hypechusa*（Alcf.）Asch. & Graebner	Maxted，1993	*V. anatolica* Turrill	Success
Vicia	*Hypechusa*	Maxted，1993	*V. assyriaca* Boiss.	Success
Vicia	*Hypechusa*	Maxted，1993	*V. ciliatula* Lipsky	Success
Vicia	*Hypechusa*	Maxted，1993	*V. esdraelonensis* Warb. & Eig	Success
Vicia	*Hypechusa*	Maxted，1993	*V. galeata* Boiss.	Success
Vicia	*Hypechusa*	Maxted，1993	*V. hirta* Pers.	Success
Vicia	*Hypechusa*	Maxted，1993	*V. hybrida* L.	Success
Vicia	*Hypechusa*	Maxted，1993	*V. hyrcanica* Fisch. & C. A. Mey.	Success
Vicia	*Hypechusa*	Maxted，1993	*V. lutea* L.	Success
Vicia	*Hypechusa*	Maxted，1993	*V. melanops* Sibth. & Sm.	Success
Vicia	*Hypechusa*	Maxted，1993	*V. mollis* Boiss.	Success

（续表）

亚属	组	参考文献	分类单元	鉴定信息
Vicia	*Hypechusa*	Maxted，1993	*V. noeana* Boiss.	Success
Vicia	*Hypechusa*	Maxted，1993	*V. pannonica* Crantz	Success
Vicia	*Hypechusa*	Maxted，1993	*V. sericocarpa* Fenzl	Success
Vicia	*Hypechusa*	Maxted，1993	*V. tigridis* Mouterde	Failure
Vicia	*Microcarinae* Maxted	Maxted，1993	*V. dionysiensis* Mouterde	Success
Vicia	*Narbonensis* (Radzhi) Maxted	Maxted，1993	*V. eristalioides* Maxted	Success
Vicia	*Narbonensis*	Maxted，1993	*V. galilaea* Plitmann & Zohary	Success
Vicia	*Narbonensis*	Maxted，1993	*V. hyaeniscyamus* Mouterde	Success
Vicia	*Narbonensis*	Maxted，1993	*V. johannis* Tamamsch.	Failure
Vicia	*Narbonensis*	Maxted，1993	*V. johannis* var. *johannis* Tamamsch.	
Vicia	*Narbonensis*	Maxted，1993	*V. johannis* *var. procumbens* H. Schäfer	
Vicia	*Narbonensis*	Maxted，1993	*V. kalakhensis* Khattab & al.	Success
Vicia	*Narbonensis*	Maxted，1993	*V. narbonensis* L.	Success
Vicia	*Narbonensis*	Maxted，1993	*V. serratifolia* Jacq.	Success
Vicia	*Peregrinae* Kupicha	Kupicha，1976	*V. aintabensis* Boiss.	Success
Vicia	*Peregrinae*	Maxted，1993	*V. michauxii* Spreng.	Success
Vicia	*Peregrinae*	Maxted，1993	*V. peregrina* L.	Success
Vicia	*Vicia* L.	Maxted，1993	*V. barbazitae* Ten. & Guss.	Success
Vicia	*Vicia*	Maxted，1993	*V. grandiflora* Scop.	Success
Vicia	*Vicia*	Maxted，1993	*V. incisa* M. Bieb.	Failure
Vicia	*Vicia*	Schaefer et al.，2012	*V. pectinata* Lowe	Success
Vicia	*Vicia*	Maxted，1993	*V. pyrenaica* Pourr.	Success
Vicia	*Vicia*	Maxted，1993	*V. qatmensis* Gomb.	Success
Vicia	*Vicia*	Maxted，1993	*V. sativa* L.	Failure
Vicia	*Vicia*	Maxted，1993	*V. sativa* subsp. *amphicarpa* (Dorthes) Asch.	
Vicia	*Vicia*	Maxted，1993	*V. sativa* subsp. *cordata* (Hoppe) Asch. & Graebn.	
Vicia	*Vicia*	Maxted，1993	*V. sativa* subsp. *macrocarpa* (Moris) Arcang.	

（续表）

亚属	组	参考文献	分类单元	鉴定信息
Vicia	*Vicia*	Maxted，1993	*V. sativa* subsp. *nigra*（L.）Ehrh.	
Vicia	*Wiggersia*（Alcf.）Maxted	Maxted，1993	*V. cuspidata* Boiss.	Success
Vicia	*Wiggersia*	Maxted，1993	*V. lathyroides* L.	Success

附 图

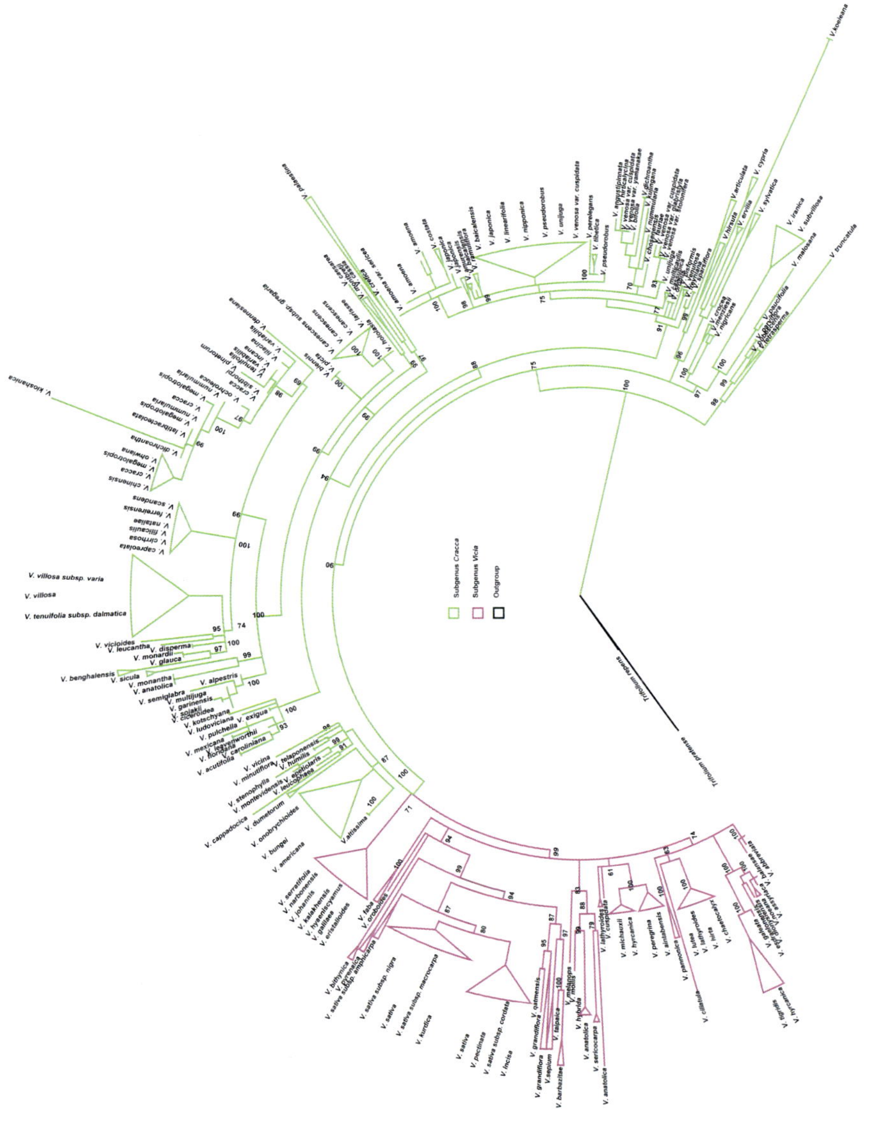

图2-2 基于158个野豌豆属物种的ITS-ML树（简图）

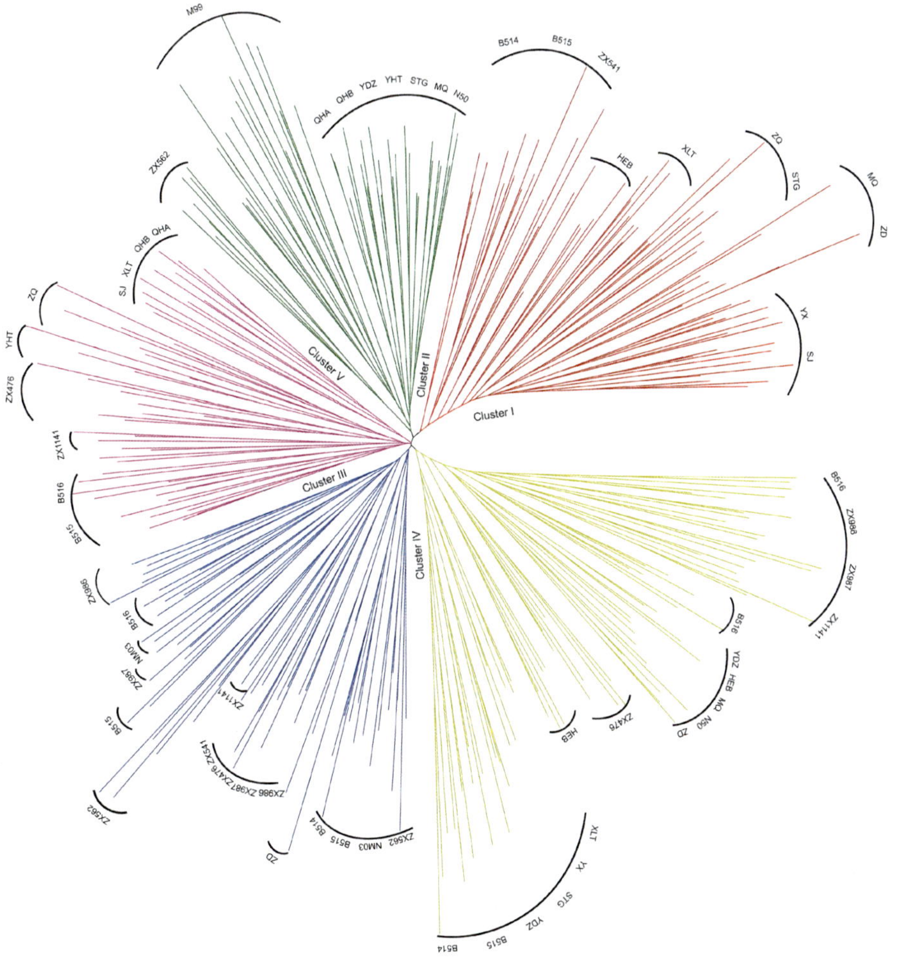

图4-3 基于山野豌豆种群间遗传距离的NJ树